CB056712

CARACTERIZAÇÃO ESPECTROSCÓPICA E QUÍMICA DE COMPOSTOS ORGÂNICOS

MANUAL DE LABORATÓRIO

Tradução de

João E. Simão
Professor Catedrático de Química

e

J. Féria Seita
Professor Catedrático de Química

LIVRARIA ALMEDINA
COIMBRA – 1991

Título original:

SPECTRAL AND CHEMICAL CHARACTERIZATION OF ORGANIC COMPOUNDS

A Laboratory Handbook

THIRD EDITION

W.J.CRIDDLE e G.P.ELLIS

School of Chemistry and Applied Chemistry
University of Wales College of Cardiff
Cardiff, U.K.

© JOHN WILEY & SONS

Reservados todos os direitos de harmonia com a lei

ÍNDICE

Prefácio da primeira edição	VII
Prefácio da segunda edição	IX
Prefácio da terceira edição	XI
Segurança no laboratório	XIII

1. Ensaios preliminares 1
   1. Análise elementar 1
   2. Ignição 3
   3. Cor e cheiro 3
   4. Determinação de constantes físicas 4

2. Caracterização química e espectroscópica de grupos funcionais 7

3. Métodos cromatográficos de análise e separação 35

4. Separação de misturas orgânicas 39

5. Preparação de derivados 42

6. Tabelas de compostos orgânicos e seus derivados 63

Tabela 1	Acetais	64
Tabela 2	Álcoois (C, H e O)	64
Tabela 3	Álcoois (C, H, O e halogénio ou N)	66
Tabela 4	Aldeídos (C, H e O)	67
Tabela 5	Aldeídos (C, H, O e halogénio ou N)	69
Tabela 6	Amidas (primárias), imidas, ureias, tioureias e guanidinas	70
Tabela 7	Amidas, N-substituidas	71
Tabela 8	Aminas alifáticas primárias	71
Tabela 9	Aminas aromáticas primárias (C, H, (O) e N)	72
Tabela 10	Aminas aromáticas primárias (C, H, (O), N e halogénio ou S)	75
Tabela 11	Aminas secundárias	76
Tabela 12	Aminas terciárias	77
Tabela 13	Aminoácidos	78
Tabela 14	Compostos azo, azoxi, nitroso e hidrazinas	79
Tabela 15	Carbo-hidratos	80
Tabela 16	Ácidos carboxílicos (C, H e O) e respectivos cloretos de acilo, anidridos e nitrilos	81
Tabela 17	Ácidos carboxílicos (C, H, O e halogénio, N ou S)	87
Tabela 18	Enóis	89
Tabela 19	Ésteres carboxílicos	89

Tabela 20	Ésteres fosfóricos	91
Tabela 21	Éteres	92
Tabela 22	Haletos (mono) de alquilo	93
Tabela 23	Haletos (poli) de alquilo	94
Tabela 24	Haletos de arilo	95
Tabela 25	Hidrocarbonetos	96
Tabela 26	Cetonas (C, H e O)	98
Tabela 27	Cetonas (C, H, O e halogénio ou N)	102
Tabela 28	Nitrilos	102
Tabela 29	Compostos nitro, halogenonitro e nitroéteres	103
Tabela 30	Fenóis (C, H e O)	106
Tabela 31	Fenóis (C, H, O e halogénio ou N)	109
Tabela 32	Quinonas	111
Tabela 33	Ácidos sulfónicos e derivados	111
Tabela 34	Tioéteres (sulfetos)	112
Tabela 35	Tióis e tiofenóis	113

7. Compostos farmacêuticos — 115

Introdução		115
Tabela P1	Compostos que contêm C, H (e O)	115
Tabela P2	Compostos que contêm C, H, N (e O)	116
Tabela P3	Compostos que contêm C, H, halogénio (e O)	116
Tabela P4	Compostos que contêm C, H, N, halogénio (e O)	116
Tabela P5	Compostos que contêm C, H, N, S (e O)	117
Tabela P6	Compostos que contêm C, H, N, S, halogénio (e O)	117

Índice Analítico — 119

PREFÁCIO DA PRIMEIRA EDIÇÃO

Na maior parte dos cursos de Química Orgânica exige-se que os alunos se familiarizem com as propriedades espectroscópicas dos compostos orgânicos e que sejam capazes de os reconhecer através das suas reacções químicas características. Combinando estas duas vias de aproximação e correlacionando os resultados, é geralmente possível decidir sobre a estrutura dos compostos; durante este trabalho o aluno acaba por aprender muito de Química Orgânica num tempo relativamente curto. Apresentam-se também ao aluno os métodos que são adoptados na investigação quando um composto de estrutura desconhecida é encontrado na natureza ou sintetizado no laboratório.

A caracterização de compostos orgânicos, por este modo, exige que o aluno tenha à mão os dados espectroscópicos e químicos que se acumularam durante anos e que se encontram dispersos em vários livros teóricos. O objectivo deste livro é o de integrar a informação que o aluno provavelmente necessitará no laboratório e apresentá-la da maneira mais conveniente, de tal modo que seja necessário o mínimo de tempo na pesquisa da informação relevante. Há vários bons livros teóricos sobre espectroscopia, pelo que se presume que existe algum conhecimento prévio. De igual modo partimos do pricípio de que a base dos ensaios químicos do Capítulo 2 tenha sido adquirida nas aulas e nos livros de Química Orgânica.

Na medida do possível utilizam-se no livro os nomes sistemáticos. Existem, finalmente, sinais reais de que os velhos nomes triviais estão a ser ultrapassados nas escolas e universidades. Incluimos muitos destes como nomes alternativos. A dimensão do livro é alargada pela inclusão de uma secção sobre a caracterização de compostos farmacêuticos. Esta secção (Capítulo 6) terá um interesse particular para os alunos de Farmácia.

Queremos agradecer ao Dr.D.J.Bailey (Welsh School of Pharmacy) a sua valiosa ajuda no Capítulo 6 e ao Professor W.H.Hunter (Chelsea College, Universidade de Londres) os seus úteis comentários. Agradecemos também aos editores a paciência e a cooperação demonstradas e a Mrs.P.Bevan e Mrs.J.M.Watkins o apoio secretarial.

W.J.CRIDDLE
G.P.ELLIS

PREFÁCIO DA SEGUNDA EDIÇÃO

A calorosa aceitação do nosso livro permitiu que se fizessem melhoramentos nesta edição. Alguns destes resultaram de sugestões feitas pelos utilizadores, ao passo que outros derivaram de mudanças nos métodos de ensino e da disponibilidade de reagentes. Por exemplo, são agora incluídas no Capítulo 2 breves notas sobre o fundamento químico dos ensaios de grupos funcionais, a secção sobre a interpretação de espectros no Capítulo 3 foi alargada e a selecção de compostos nas tabelas do Capítulo 5 foi modificada pela inclusão de compostos de baixo preço que recentemente se tornaram disponíveis e pela remoção de outros que entretanto desapareceram dos catálogos de reagentes químicos. A lista dos pontos de fusão dos derivados também foi ampliada.

Agradecemos aos nossos alunos o seu olho de lince e a outros que apontaram pequenos erros de impressão na edição anterior; agradecemos também outras sugestões no sentido de melhorar a utilidade do livro. Agradecemos ao pessoal dos nossos editores a sua total ajuda e cooperação.

W.J.CRIDDLE
G.P.ELLIS

PREFÁCIO DA TERCEIRA EDIÇÃO

Tem-se verificado nos anos mais recentes uma dependência crescente de técnicas instrumentais na identificação de compostos orgânicos. Contudo, acreditamos que a experiência prática da exploração e da observação das reacções químicas de uma variedade de tais compostos é a maneira mais eficiente (em tempo e esforço) de os alunos aprenderem Química Orgânica.

Entre os melhoramentos que se incluiram nesta edição encontra-se uma secção sobre a utilização de métodos cromatográficos, largamente utilizados para separar, identificar e purificar compostos orgânicos. Na secção de espectroscopia de RMN reviu-se completamente a tabela de desvios químicos, devendo os leitores encontrá-la agora consideravelmente mais informativa.

A secção de espectrometria de massa foi aumentada com a inclusão do espectro e do esquema de fragmentação de uma cetona simples. Um dos reagentes mais úteis (xantidrol) para a preparação de derivados de carboxamidas e de sulfonamidas tornou-se agora demasiado caro para ser utilizado nas aulas. O difenilmetanol (benzidrol) é uma boa alternativa, descrevendo-se a sua utilização. Finalmente, fizeram-se várias pequenas melhorias no resto do livro.

Estamos gratos aos revisores pelo encorajamento e aos editores pelo contínuo apoio.

W.J.CRIDDLE
G.P.ELLIS

SEGURANÇA NO LABORATÓRIO

É essencial que seja chamada a atenção dos alunos para o regulamento de segurança aplicável no laboratório; em particular, eles deverão familiarizar-se com o equipamento de segurança existente.

Todas as substâncias químicas, especialmente compostos não identificados, devem ser tratados com precaução. Não se deve permitir, portanto, que eles entrem em contacto com a pele, recomendando-se a utilização de luvas de plástico sempre que exista qualquer dúvida. Os olhos devem sempre ser protegidos com óculos de segurança.

Reacções que envolvam reagentes perigosos de uso comum, tais como sódio, cloreto de tionilo, ácido clorossulfónico, pentacloreto de fósforo, bromo, ácido nítrico e cloretos de acilo, devem ser realizadas num extractor de fumos eficiente. Compostos inflamáveis e mal cheirosos devem ser tratados de modo análogo.

1

ENSAIOS PRELIMINARES

1. ANÁLISE ELEMENTAR

O primeiro passo, e o mais importante, em análise orgânica é a identificação dos elementos que constituem um composto orgânico. A melhor maneira de o fazer é utilizar o ensaio de Lassaigne. Têm sido descritos outros ensaios de fusão, mas nenhum é de aplicação tão global como o de Lassaigne. Neste, o composto orgânico é decomposto através da sua fusão com o sódio. A presença dos elementos azoto, halogénios, enxofre ou fósforo no composto original é então determinada por vários ensaios com o produto. Se o composto contiver azoto, a fusão com sódio converte-o em cianeto de sódio, o qual pode ser identificado pela reacção do ião cianeto em solução. Os iões haleto, sulfeto ou fosfato, quando ocorrem nos produtos, indicam, de maneira análoga, a presença de halogénio, enxofre ou fósforo no composto que se encontra sob análise.

O ensaio de Lassaigne não nos dá informação sobre a presença de carbono, hidrogénio ou oxigénio. A grande maioria dos compostos orgânicos contém carbono e hidrogénio, sendo geralmente possível identificar um composto sem que se faça um ensaio específico para o oxigénio, embora o ensaio ferrox (descrito a seguir) dê uma reacção positiva com a maioria dos compostos que contêm oxigénio.

Ensaio de Lassaigne

ATENÇÃO: O sódio metálico deve ser manuseado com grande cuidado porque reage violentamente com a água e com muitos outros compostos. Nunca se deve deixar que ele entre em contacto com a pele e recomenda-se o uso de óculos de protecção.

Com sólidos. Coloque um pedaço de sódio metálico (um cubo com cerca de 2 mm de lado) num tubo de ignição e aqueça cuidadosamente até que funda. Adicione o composto orgânico (cerca de 200 mg) e continue o aquecimento suave até que o conteúdo do tubo se torne sólido. Aqueça então mais fortemente e mantenha à incandescência durante 2 minutos. Introduza o tubo ainda incandescente num copo de 50 cm^3 com cerca de 15 cm^3 de água destilada. Ferva durante 3-4 minutos e filtre a solução. Use o filtrado (A) para os ensaios que se indicam a seguir.

Com líquidos. Aqueça um pedaço de sódio metálico (um cubo com cerca de 2 mm de lado) num tubo de ignição até que o vapor de sódio atinja um terço do seu volume. Com um conta-gotas introduza, gota a gota, o líquido (0,2 cm^3) no tubo. Depois de adicionar todo o líquido, aqueça fortemente durante dois minutos e introduza o tubo incandescente num copo de 50 cm^3 contendo cerca de 15 cm^3 de água destilada. Ferva durante 3-4 minutos e use o filtrado (A) para os ensaios que se seguem.

Azoto

Ao filtrado A (1 cm^3) adicione 1 cm^3 de solução de sulfato de ferro (II) a 10 % e um pouco de solução de hidróxido de sódio 2 M até se obter um forte precipitado de hidróxido de ferro (II). Ferva durante 2 minutos, arrefeça e acidifique com ácido sulfúrico 2 M (verifique com papel de tornesol). Um precipitado, ou uma cor que pode ir de azul escuro a verde, indica a presença de *azoto* no composto orgânico.

Enxofre

Ao filtrado A (1 cm^3) adicione solução de nitroprussiato de sódio recentemente preparada. Uma cor, que poderá ir de rosa a púrpura , indica a presença de *enxofre*. A cor é, por vezes, apenas temporária.

Halogénios

Ao filtrado A (1 cm^3) adicione excesso de ácido nítrico 2 M (veja com tornesol) e, caso os ensaios anteriores tenham detectado a presença de azoto ou enxofre, ferva a solução num copo durante 5 minutos (no extractor de fumos) a fim de retirar cianeto de hidrogénio ou sulfeto de hidrogénio. Não é necessário ferver se não houver azoto nem enxofre . À solução fria adicione solução de nitrato de prata. Um precipitado branco ou amarelo indica a presença de um ou mais átomos de *cloro, bromo* ou *iodo* no composto orgânico. Se este teste for positivo, a identidade do halogénio pode ser revelada pelos ensaios seguintes, mas ,antes de se realizarem, é aconselhável fazer um ensaio em branco apenas com os reagentes.

Sabendo-se que há apenas um halogénio, ele poderá ser identificado do seguinte modo: acidifica-se o filtrado A com ácido sulfúrico diluído; adiciona-se clorofórmio (1 cm^3) e água de cloro ou solução de hipoclorito de sódio a 1% (2 gotas). Agite bem e deixe que a camada de clorofórmio se separe. Uma cor castanha na camada de clorofórmio indica o *bromo*, uma cor púrpura, o *iodo* e a sua inalteração, o *cloro*.

Se ocorrer mais do que um halogénio devem executar-se as seguintes séries de ensaios:
(a) Ao filtrado A (2 cm^3) adicione excesso de ácido nítrico 2 M seguido de solução de cloreto de mercúrio (II) a 5% (1 cm^3) (**VENENO**). Um precipitado amarelo que muda para laranja ou vermelho depois de repousar durante alguns minutos indica a presença de *iodo*. Se na solução existir uma concentração elevada de iões iodeto, o precipitado aparece logo laranja ou vermelho.
(b) Ao filtrado A (2 cm^3) adicione um volume igual de mistura oxidante de dicromato e ferva suavemente durante 2 minutos. Ensaie os vapores produzidos com papel de filtro embebido em reagente de Schiff recentemente preparado. Uma cor púrpura indica a presença de *bromo*.
(c) Ao filtrado A adicione um excesso de ácido nítrico 2 M e, depois, solução de nitrato de prata. Filtre o precipitado e trate-o com excesso de uma solução preparada com quatro volumes de solução saturada de carbonato de amónio e um volume de solução de amoníaco (0,88). Se ainda permanecer algum precipitado filtre-o e acidifique o filtrado com ácido nítrico diluído. Um precipitado branco indica a presença de *cloro*. Deve notar-se que o brometo de prata é levemente solúvel na solução usada acima. Qualquer leve precipitado que se obtenha com este ensaio deve, portanto, ser ignorado.
(d) Acidifique uma outra porção do filtrado A (2 cm^3) com ácido etanóico; ferva a solução e arrefeça. Adicione uma gota desta solução a um pedaço de papel de filtro embebido em solução de zircónio-alizarina (alizarina etanólica a 1% e nitrato de zircónio aquoso a 0,4%) e deixe o papel secar. Uma mudança de cor de vermelho para amarelo indica a presença de *flúor*.

Fósforo

Trate uma porção do filtrado A (2 cm^3) com ácido nítrico concentrado (0,5 cm^3) e, depois, com uma solução a 5% de molibdato de amónio. Aqueça em banho maria durante 2 minutos. Um precipitado amarelo indica a presença de *fósforo*.

Ensaio ferrox para o oxigénio

Pulverize pesos iguais de tiocianato de potássio e de um sal de ferro (III). Coloque a mistura (cerca de 100 mg) num tubo de ensaio e junte-lhe o composto orgânico, directamente, se se tratar de um líquido, ou em solução saturada de benzeno ou clorofórmio, se se tratar de um sólido. Uma cor púrpura na camada orgânica indica a presença de oxigénio no composto. O ensaio é específico para o oxigénio só quando o azoto e o enxofre estiverem ausentes.

2. IGNIÇÃO

Coloque o composto orgânico (0,1 g) numa espátula ou num tubo de ignição e aqueça até que esta se inicie. Retire da chama e observe as características da ignição. Uma chama clara indica um composto alifático ; uma chama com fumo é característica de compostos aromáticos e de alguns outros compostos insaturados. Continue a ignição até deixar de verificar qualquer alteração; a presença de um resíduo indica que o composto original contém um átomo metálico e que o resíduo deve ser examinado de acordo com os processos inorgânicos normais de identificação de metais. Na maioria dos casos um ensaio de chama executado com o resíduo, que deve ser previamente acidificado pela adição de ácido clorídrico concentrado (1 gota), será suficiente para identificar o metal presente. Por vezes é possível reconhecer o cheiro dos vapores libertados durante a ignição; alguns compostos (por exemplo, carbo-hidratos, ácidos alifáticos hidroxilados e seus sais) carbonizam facilmente, enquanto outros (por exemplo, ácido benzóico) sublimam.

3. COR E CHEIRO

Os compostos orgânicos são, na maior parte das vezes, incolores quando puros, mas alguns adquirem cor com o tempo devido à formação de pequenas quantidades de impurezas coradas. Se um composto puro for corado, ele deve conter um ou mais grupos cromóforos, por exemplo , nitro, nitroso ou azo; ou pode ser uma quinona ou ainda possuir um sistema extenso de quatro ou mais ligações duplas conjugadas. O grupo nitro só por si contribui com muito pouco ou nada para a cor de um composto, mas se estiver presente um substituinte auxocrómico, tal como um grupo hidroxilo ou amino, a cor amarela muito ténue é intensificada. Fornece-se uma indicação da cor de muitos compostos nas tabelas de pontos de fusão apresentadas no fim deste livro.

Alguns compostos orgânicos têm cheiros característicos, que podem ser usados tentativamente para nos guiar em análise orgânica; contudo, uma vez que os cheiros não podem geralmente ser definidos por palavras, o melhor que o aluno tem a fazer será «memorizar» o cheiro de alguns compostos comuns.

4. DETERMINAÇÃO DE CONSTANTES FÍSICAS

Ponto de fusão

Antes de se determinar o ponto de fusão a amostra deve estar pura e livre de solvente. Feche uma das extremidades de um tubo de pontos de fusão com a chama de um bico de Bunsen. Introduza a amostra até cerca de 2 mm da extremidade selada do tubo (isto pode ser facilitado se usar uma lima de unhas para esfregar o tubo). Coloque o tubo num aparelho de pontos de fusão com aquecimento eléctrico. Ajuste a velocidade de aquecimento de modo que a temperatura suba cerca de 3-4°min^{-1}. A temperatura à qual se forma o menisco na amostra fundida é o ponto de fusão pretendido.

Nota:(a) Normalmente é preferível determinar primeiro o ponto de fusão aproximado da amostra e voltar a fazê-lo, depois, com mais precisão, numa segunda amostra, diminuindo a velocidade de aquecimento para 2°min^{-1} ao chegar perto do ponto de fusão aproximado.
(b) Para amostras que sejam termicamente instáveis é preferível determinar primeiro o ponto de fusão aproximado da maneira normal e determinar depois o valor exacto, aquecendo primeiro o banho de óleo até cerca de 10° abaixo do valor aproximado antes de introduzir a amostra; aumenta-se então a temperatura à razão de 2°min^{-1} até o composto fundir. Reduz-se assim o tempo de aquecimento da amostra e, naturalmente, a probabilidade da sua decomposição térmica.

Ponto de fusão de mistura

Quando dois compostos diferentes se misturam e se determina o ponto de fusão da mistura, verifica-se que a fusão se inicia a uma temperatura que se encontra vários graus abaixo da temperatura de fusão do composto que tem o ponto de fusão mais baixo. Esta técnica de *pontos de fusão de mistura* pode, portanto, ser usada para determinar se duas amostras são ou não idênticas. Uma diminuição do ponto de fusão de uma amostra, quando misturada com a outra, indica que os dois compostos são diferentes. A maneira correcta de fazer tal determinação é a seguinte: pulverize conjuntamente quantidades iguais da substância conhecida e da desconhecida e introduza a mistura num tubo de pontos de fusão. Coloque um pouco de cada um dos compostos puros em outros dois tubos e determine o ponto de fusão dos três simultâneamente. Se a mistura fundir a uma temperatura que seja inferior ao ponto de fusão de qualquer das amostras puras então estas são diferentes. Se forem idênticas, as três amostras fundirão à mesma temperatura.

Ponto de ebulição

Método de Siwoloboff

Arranje um tubo de vidro, com aproximadamente 5 cm de comprimento e 0,5 cm de diâmetro interno, e um tubo de pontos de fusão e feche-os ambos à chama apenas numa das extremidades. Introduza o líquido que se pretende determinar (0,5 cm^3) no tubo maior e coloque nele o tubo de pontos de fusão, com a *extremidade aberta* dentro do líquido. Ligue o conjunto a um termómetro de imersão de 360°, mantendo o líquido ao mesmo nível do mercúrio. Introduza o termómetro num banho de parafina líquida até uma profundidade de 3 cm. Aqueça o banho a uma velocidade constante, agitando continuamente, até que um rápido conjunto de bolhas saia da extremidade inferior do tubo mais fino. Pare o aquecimento neste ponto e tome nota da temperatura à qual o líquido sobe rapidamente no tubo interior. Este é o ponto de ebulição do líquido. Se a amostra estiver impura (se, por exemplo, contiver uma pequena quantidade de água) o método de Siwoloboff dará resultados errados. Será melhor retirar a impureza por destilação fraccionada ou por secagem com um exsicante.

Solubilidade em vários solventes

A solubilidade de um composto orgânico em água, éter, ácido clorídrico 2 M e hidróxido de sódio 2 M, pode, frequentemente, dar informação útil acerca da natureza desse composto. Contudo, a presença de mais do que um grupo funcional pode ter um efeito tão grande na solubilidade que se torna, muitas vezes, impossível fazer deduções sobre os grupos funcionais presentes a partir de dados de solubilidade. Por exemplo, o 1,3-di-hidroxibenzeno é extremamente solúvel em água, mas a introdução de um grupo butilo na posição 4 dá origem a um composto que é apenas ligeiramente solúvel. Mesmo os isómeros de posição, algumas vezes, diferem muito no que diz respeito à solubilidade; por exemplo, as solubilidades de 1,2-, 1,3- e 1,4-di-hidroxibenzeno em água, a 20°, são 45, 210 e 7%, respectivamente. A seguinte tabela de solubilidades deve, portanto, ser usada com cautela, tendo em conta que ela é mais exacta para os compostos monofuncionais. Ela dá-nos uma indicação da solubilidade de vários tipos de compostos orgânicos em éter, água, ácido clorídrico 2 M e hidróxido de sódio 2 M. Os compostos encontram-se agrupados de acordo com os elementos que são identificados no ensaio de Lassaigne. Um sinal + indica que os compostos da respectiva classe têm uma solubilidade, no solvente indicado, que excede 5%. Uma solubilidade inferior é indicada pelo sinal -. Quando a solubilidade dos compostos de determinada classe apresenta uma grande variação, isso é indicado por ±.

Tabela de solubilidades

	Éter	Água	HCl 2M	NaOH 2M	Comentários
Compostos que contêm C, H, O, Metal					
Ácidos carboxílicos					
alifáticos	+	+[a]	+[a]	+	[a]Ins. se >4 C
aromáticos	+	-	-	+	
sais metálicos	-	+	±	+	
Fenóis					
mono-hidroxi	+	-[b]	-	+	[b]Fen. simp. sol.
di e tri-hi.	+	+[c]	±	+	[c]1,3,5-tri-hidroxi-benzeno é insolúvel
fenóxidos	-	+	±	+	
Aldeídos e cetonas					
alifáticos	+	-[d]	-[d]	-[d]	[d]Sol. se <4 C
aromáticos	+	-	-	-	
Acetais	+	±	-[e]	±	[e]Hidrólise
Álcoois	+	+[f]	+[f]	+[f]	[f]Sol. se <4 C
Carbo-hidratos	-	+	+	+	
Polióis	-	+	+	+	
Ésteres	+	-[g]	-[h]	-[h]	[g]Sol. se <4 C [h]Pode dar prod. sol. por hidrólise
Anidridos	+	±[i]	-	+	[i]Alif.,+ ; arom.,-
Lactonas	+	-[j]	-	+	[j]γ-butirolactona é solúvel
Quinonas	+	-	-	+	
Éteres	+	-	-	-	
Hidrocarbonetos	+	-	-	-	

Tabela de solubilidades (cont.)

	Compostos que contêm C, H, N (O)				
Aminas					
alif. prim.	+	+	+	-	
alif. sec.	+	-[k]	+	-[k]	[k]Sol. se <4 C
alif. terc.	+	±[l]	+	-	[l]Variável
arom. prim.	+	-	+	-	
arom. sec.	+	-	+	-	
arom. terc.	+	-	+	-	
Amidas	-	-[m]	-	-	[m]Sol. se <6 C
N-substituídas	+	-	-	-	
Imidas	-	-	-	+	
Sais de amónio	-	+	+[n]	+	[n]Depende da sol. do ácido livre
Compostos nitro	+	-	-	-	
Aminoácidos	-	±[o]	±[o]	±[o]	[o]Variável
Aril-hidrazinas	+	-	+	-	

	Compostos que contêm C, H, S (O)				
Ácidos sulfónicos	-	+	+	+	
Tióis e tiofenóis	+	-	-	+	

	Compostos que contêm C, H, P (O)				
Ésteres de ácido fosfórico	+	-	-	-	

	Compostos que contêm C, H, *Halogénio* (O)				
Haletos de alquilo e de arilo	+	-	-	-	
Haletos de acilo	+	+[q]	+[q]	+[q]	[q]Decomp., os de alquilo rapidamente

	Compostos que contêm C, H, *Halogénio*, N (O)				
Sais de amónio quaternários	-	+	+	+	
Haletos de bases orgânicas	-	+	+	+	

	Compostos que contêm C, H, *Halogénio*, S (O)				
Haletos de sulfonilo	+	-	-	-	

	Compostos que contêm C, H, N, S (O)				
Tioamidas	-[r]	-[r]	-	+	[r]Sol. se <3 C
Sulfatos de bases orgânicas	-	+	+	-	
Sulfonamidas	+	-	-	+	

2

CARACTERIZAÇÃO QUÍMICA E ESPECTROSCÓPICA DE GRUPOS FUNCIONAIS

Depois de se determinarem os elementos que estão presentes num composto orgânico, torna-se necessário considerar como eles se dispõem na molécula, isto é, qual o grupo ou grupos funcionais que nele se encontram. Para este efeito usam-se as reacções químicas e os dados espectroscópicos que são característicos de cada função.

ENSAIOS QUÍMICOS

Os ensaios descritos a seguir estão agrupados de acordo com o elemento ou elementos detectados no ensaio de Lassaigne. Os compostos que contêm apenas C, H e O devem ser examinados de acordo com os ensaios dados na Tabela I. Se ocorrerem N, P, S ou um dos halogénios, então os ensaios das Tabelas II-V tomam a precedência. Quando dois ou mais destes elementos estiverem presentes, os ensaios iniciais devem incidir sobre o conjunto que contenha os elementos relevantes (Tabelas VI-IX); por exemplo, se se detectarem N e S, deverá investigar-se, entre outros, a presença do grupo sulfonamida ($-SO_2-NH_2$) conforme se descreve na Tabela VIII. Se estes ensaios forem negativos, a pesquisa deverá incidir sobre os grupos que contenham os elementos individualmente, isto é, funções que contenham enxofre (Tabela IV) e funções que contenham azoto (Tabela II).

Assim que um grupo funcional tenha sido identificado, deverá ser possível fazer a correlação com os resultados dos ensaios preliminares por forma que o exame da tabela de pontos de fusão apropriada (p.63) possa limitar a escolha a um ou mais compostos possíveis. Em tais casos a análise da estrutura dos compostos prováveis pode sugerir a realização de ensaios adicionais de grupos funcionais de maneira a poder distingui-los e permitir que o composto seja identificado. Por exemplo, mostrou-se que um composto orgânico, cujo ponto de fusão era 144° e que continha C, H, N e O, era um ácido carboxílico. Na tabela 17 verifica-se que pode ser um de dois compostos que têm um ponto de fusão de 144°, nomeadamente o ácido 2-hidroxi-3-nitrobenzóico ou o ácido 2-aminobenzóico. Estes podem distinguir-se através de ensaios apropriados para os outros grupos funcionais, isto é, grupos fenólico, nitro ou amino, respectivamente. A identificação deverá então ser confirmada pela preparação de um ou mais dos derivados indicados na Tabela 17.

As séries de ensaios que se encontram entre linhas horizontais a cheio dizem respeito a funções relacionadas. Em muitos casos, se o primeiro ensaio for negativo, os ensaios subsequentes dessa série podem ser omitidos.

ESPECTROSCOPIA DE INFRAVERMELHOS

Preparação de amostras

(a) *Sólidos*. Os compostos orgânicos sólidos são normalmente tratados de uma de três maneiras diferentes. Primeiramente, fazendo uma solução (cerca de 10% m/v) num solvente anidro que interfira o menos possível com o espectro do composto. O tetracloreto de carbono, o triclorometano (clorofórmio), o dissulfeto de carbono e o hexano são os solventes normalmente usados. Note-se que é importante que o solvente não se associe de nenhum modo ao substrato. Os espectros podem ser obtidos com as células de espessura normalizada (0,025-1,00 mm). A operação com duas células, isto é, apenas com o solvente no feixe de referência, é, por vezes, útil para minimizar os efeitos da absorção do solvente, mas deve salientar-se que esta técnica não permite a determinação da absorção do substrato quando haja uma forte absorção por parte do solvente.

Em segundo lugar, o sólido (aprox. 10 mg) poderá ser misturado com brometo de potássio anidro (100-200 mg, de preferência fundido antes de utilizar) e a mistura pulverizada até se obter um pó fino, utilizando para isso quer um moinho de ágata quer um almofariz e pilão de ágata. O pó obtido é transferido para um molde que se liga ao vácuo e se sujeita a uma pressão até cerca de 3 toneladas por centímetro quadrado, a fim de transformar a mistura num disco transparente* adequado para os suportes. Este método é particularmente recomendado uma vez que o brometo de potássio é transparente dentro de uma larga gama espectral, não sendo normalmente necessárias operações com feixe duplo.

Finalmente, o sólido pode ser convertido numa pasta, isto é, amassado com um óleo não volátil, por exemplo Nujol (hidrocarboneto parafínico de elevado ponto de ebulição) ou Flurolube (mistura de hidrocarbonetos fluorados de elevado ponto de ebulição). A utilização destes dois óleos permite o varrimento da maior parte da zona normal de infravermelhos. A pasta pode ser convenientemente preparada com um cone B14 e respectiva junta, adicionando-se Nujol (1 gota) e a amostra (2-5 mg) à área de encaixe do cone. Insere-se então o cone na junta e rodam-se as duas partes em sentido contrário. A formação da pasta é rápida, podendo retirar-se facilmente com uma espátula. Coloca-se a pasta numa placa de salgema* coberta com uma segunda placa e comprime-se para produzir um filme fino.

(b) *Líquidos*. Os líquidos orgânicos podem ser examinados em solução (como os sólidos) ou como filmes. Para líquidos voláteis (p.e.<120°) deve usar-se uma célula fechada. Líquidos menos voláteis devem ser observados da maneira que foi descrita para as pastas, sendo normalmente suficiente uma gota de líquido.

Interpretação de espectros

(a) A maior parte dos grupos funcionais apresenta as suas absorções características (frequências de distensão) na região de 4000-1400 cm^{-1}. Esta região deve ser examinada assim que se tiverem determinado os constituintes elementares do composto desconhecido.

(b) Quando se classificam os grupos funcionais possíveis de acordo com as frequências do grupo, é importante ter em mente o estado físico do composto quando da obtenção do espectro. Os espectros de sólidos e líquidos apresentam geralmente um abaixamento das frequências de grupo de grupos polares devido a ligações de hidrogénio. O abaixamento das frequências em resultado de associação molecular (ligação intermolecular) é muitas vezes acompanhado pelo alargamento do pico. Os espectros obtidos em solução diluída ou na fase de vapor não apresentam estes efeitos, a não ser que eles resultem de ligações intramoleculares.

(c) As absorções que se apresentam na região de 1400-900 cm^{-1} (região de impressões digitais) são, normalmente, mais difíceis de interpretar devido à complexidade das vibrações de grupo nesta zona. Nesta região muitos modos de vibração (flexão e distensão) são possíveis pelo que se deve ter cuidado nas atribuições.

---

* Note que, quando trabalhar com placas, discos ou células de salgema ou de brometo de potássio, deve usar luvas de protecção (de borracha ou de PVC) afim de evitar enevoamento.

(d) A região abaixo de 900 cm^{-1} é principalmente útil no que diz respeito à informação que nos pode dar sobre padrões de substituição aromática (Tabela XI) e sobre frequências de distensão de grupos carbono-halogénio.

(e) As abreviaturas usadas para as intensidades de infravermelhos são: s, forte; m, médio; w, fraco; v, variável; ν, frequência de distensão; γ, frequência de flexão fora do plano; δ, frequência de flexão no plano.

A informação que se dá nas Tabelas I-IX inclui dados espectroscópicos adequados para confirmar a presença da maior parte dos grupos funcionais que normalmente os alunos virão a encontrar. Para além disso fornece-se ainda mais informação sobre as vibrações carbono-hidrogénio nas Tabelas X e XI.

Deve-se notar que o tipo de espectrómetro utilizado pode ter um efeito acentuado no espectro de infravermelhos. Os instrumentos que têm prismas de salgema não apresentam o poder de resolução das redes de difracção, pelo que os espectros obtidos nos primeiros têm, muitas vezes, menos picos do que os obtidos nos últimos. Consideremos um exemplo simples: um composto do tipo $CH_3(CH_2)_nCH_3$ apresenta apenas duas bandas de distensão de CH a 2944 e 2865 cm^{-1}, quando examinado com um instrumento cuja óptica é de salgema; mas, quando analisado com um instrumento de rede de difracção, mostra quatro bandas a 2962, 2926, 2872 e 2853 cm^{-1}, isto é, os modos de distensão simétrico e assimétrico dos grupos metilo e metileno.

ESPECTROSCOPIA DE ULTRAVIOLETAS

Preparação de amostras

Tanto os compostos sólidos como os líquidos podem ser examinados como soluções num solvente que tenha pouca ou nenhuma absorção na região de 220-800 nm. A concentração da solução dependerá do(s) valor(es) da absorvência nos máximos de absorção observáveis. Os solventes devem ter qualidade espectroscópica, sendo os mais normalmente usados a água, o metanol, o etanol, o clorofórmio, o tetracloreto de carbono e o hexano. As células devem ser de vidro ou de sílica (para absorções abaixo de 340 nm), tendo geralmente uma espessura de 1 cm. É tambem normal a utilização de células duplas, tal como foi descrito para a espectroscopia de infravermelhos.

Interpretação dos espectros

Muitos grupos que absorvem no ultavioleta apresentam máximos numa gama relativamente larga de comprimentos de onda, pelo que é difícil ser-se específico sobre qualquer formação concreta. Contudo, valores de absorvência elevados dão-nos uma indicação da presença de um sistema conjugado, o que pode ser confirmado por outros métodos. Os dados de ultravioletas são normalmente indicados com auxílio do coeficiente de extinção molar (ε_{max}) para o comprimento de onda correspondente (λ_{max}). Em alguns casos, particularmente na literatura farmacêutica, refere-se o coeficiente de extinção específico ($E^{1\%}_{1cm}$), o que, por vezes, é útil na caracterização de um composto de maneira muito semelhante à que se usa com os pontos de fusão.

Pode-se obter informação útil sobre a estrutura de um composto orgânico desconhecido que contenha polienos conjugados e sistemas carbonílicos αβ-insaturados, aplicando as regras de Woodward que permitem o cálculo de valores relativamente precisos de λ_{max} para uma dada estrutura. Estes valores permitem, muitas vezes, a distinção de diferentes estruturas, se bem que se deva notar que eles, por si só, não nos fornecerão a identificação de um composto desconhecido.

ESPECTROSCOPIA DE RESSONÂNCIA MAGNÉTICA NUCLEAR

Preparação da amostra

O composto deve ser dissolvido num solvente que não absorva. Usam-se normalmente tetracloreto de carbono, dissulfeto de carbono e deuterotriclorometano (deuteroclorofórmio, $CDCl_3$). É preferível uma concentração de 10% p/v, mas é geralmente possível trabalhar com concentrações inferiores mediante um ajustamento do espectrómetro. É importante que se use o solvente seco e que o vapor de água e a água sejam totalmente excluídos até se obter o espectro. Para alguns compostos podem usar-se como solventes a água, o sulfóxido de dimetilo deuterado, o óxido de deutério ou o ácido clorídrico diluido, mas parte do espectro pode ficar obscurecida pela forte absorção do solvente (excepto no que diz respeito a solventes deuterados).

À solução deve adicionar-se uma pequena quantidade de tetrametilsilano, que serve como referência interna; mas, dada a sua insolubilidade, ele deve ser substituido em soluções aquosas pelo 3-(trimetilsilil)propanossulfonato de sódio.

Interpretação dos espectros

Ao interpretar o espectro de um hidrocarboneto ou de um composto que contenha ligações C-H devem considerar-se as seguintes características:

(a) O número de protões que dá origem a cada sinal pode ser determinado pela descida (ou subida) do traço do integrador para cada sinal. Caso a fórmula molecular não seja conhecida, pode apenas ser possível determinar a relação do número de protões dos vários sinais.

(b) Deve notar-se o desvio químico do sinal e compará-lo com os desvios do hidrogénio em vizinhanças conhecidas, por exemplo, os indicados nas Tabelas XII e XIII.

(c) A multiplicidade dos sinais dá informação sobre o número de hidrogénios ligados a átomos vizinhos. Esta valiosa característica aplica-se principalmente a grupos alifáticos onde existe acoplamento de spin-spin de primeira ordem (i.e. a regra (n+1) é válida), se bem que também possa dar informação sobre a orientação dos hidrogénios num anel aromático.

(d) A substituição de um hidrogénio por deutério, por tratamento do composto com D_2O, é acompanhada pelo desaparecimento de um sinal e indica a presença de um composto em que o hidrogénio está ligado ao oxigénio, ao azoto ou ao enxofre.

(e) A maior parte dos hidrogénios aparece como sinais aguçados, mas um hidrogénio ligado a um oxigénio pode, por vezes, aparecer como um pico mais difuso, especialmente se a permuta protónica é catalisada por uma quantidade vestigial de impureza acídica. Os átomos de hidrogénio de uma amida primária ($CONH_2$) aparecem como uma bossa mal definida, mas o hidrogénio de uma amida secundária (CONHR) dá normalmente um pico mais afilado.

(f) O tipo do sinal (sinais) de absorção exibido pelos hidrogénios ligados ao benzeno ou a outro anel aromático depende das características electrónicas do(s) substituinte(s). Um grupo metilo tem um efeito muito pequeno na vizinhança magnética dos cinco átomos de hidrogénio do anel do tolueno, que aparecem como um singleto a δ 7,20 (comparar com δ 7,37 para os hidrogénios do benzeno). Substituintes (tal como o metoxi) que libertam electrões têm dois efeitos sobre os sinais dos hidrogénios aromáticos: (a) todos sofrem um desvio diamagnético (campo alto) e (b) este afastamento é geralmente mais acentuado para os hidrogénios *orto* do que para os *meta* e o *para*.. Assim, ao contrário do que acontece com o tolueno e o seu sinal simples, o sinal dos hidrogénios aromáticos do metoxibenzeno é um multipleto complexo a δ 7,4-6,7. Um substituinte que atraia electrões exerce um efeito paramagnético (campo baixo) geral, que é mais fortemente sentido pelos hidrogénios nas posições *orto*; por exemplo, os cinco hidrogénios do nitrobenzeno absorvem a δ 8,3-7,1.

(g) Os hidrogénios aromáticos que se encontrem em diferentes vizinhanças magnéticas têm acoplamento de spin-spin, mas a regra de desdobramento de primeira ordem não se aplica porque os sinais estão demasiado próximos. Desde que não haja mais de dois hidrogénios *orto*, um em relação ao outro, é muitas vezes possível interpretar o espectro e fazer a atribuição de sinais a cada um dos átomos. Um benzeno tetrasubstituido dá, geralmente, um conjunto simples de sinais na região δ 6,5-9,5, desde que os substituintes não sejam magneticamente idênticos. As posições relativas dos restantes dois hidrogénios em tais compostos podem ser determinadas pela extensão do acoplamento de spin-spin, medido pela constante de acoplamento, J, da qual se mostram valores típicos nas fórmulas (1)-(3). Os sinais característicos destes compostos mostram-se na Figura 1. Dão-se outras constantes de acoplamento na Tabela XIV.

A diferença nos desvios químicos de H^1 e H^2, H^1 e H^3, e H^1 e H^4 depende da vizinhança magnética criada pelos substituintes Q, R, S e T; quanto menor for a diferença, mais perto estarão os sinais.

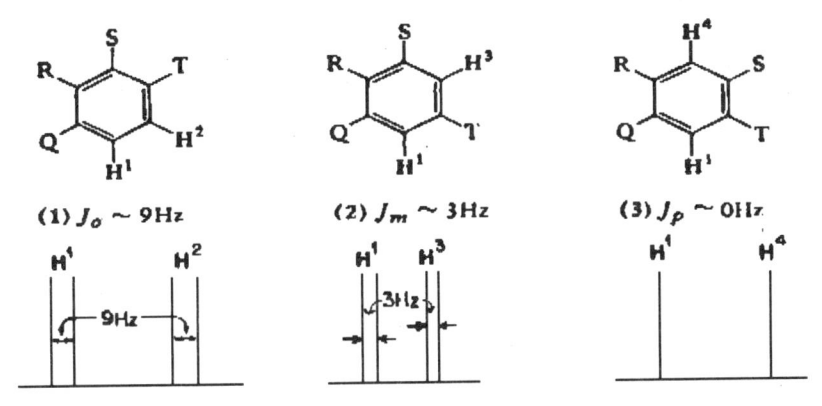

(1) $J_o \sim 9Hz$ (2) $J_m \sim 3Hz$ (3) $J_p \sim 0Hz$

Figura 1. Hidrogénios *orto*, *meta* e *para* e respectivos sinais típicos

(h) O espectro de benzenos trisubstituidos pode, às vezes, ser analisado, especialmente se os sinais estiverem bem separados. Por exemplo, os três hidrogénios aromáticos do 4-metil-2-nitrofenol (4) podem ser facilmente identificados na Figura 2. O sinal de H^5 apresenta acoplamento de spin-spin com H^3 e com H^6.

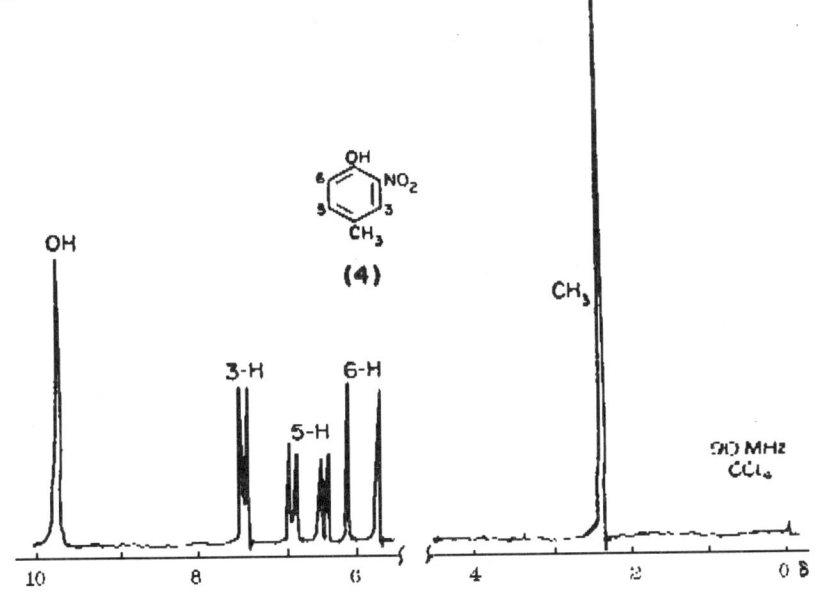

Figura 2. Espectro de R.M.N. do 4-metil-2-nitrofenol

(i) Dos benzenos disubstituidos os isómeros 1,4 apresentam o sinal que é mais fácil de reconhecer. Quando ambos os substituintes são iguais, todos os hidrogénios do anel se encontram em posições idênticas, pelo que têm o mesmo desvio e aparecem como um singleto. Como exemplos temos o 1,4-dimetilbenzeno e o 1,4-dibromobenzeno. Compostos que contêm substituintes *diferentes* em C-1 e C-4 também têm um grau de simetria que se reflecte no espectro. Por exemplo, o ácido 4-metoxibenzóico (5) tem dois pares de hidrogénios em que cada par tem um desvio químico diferente. Embora cada dubleto seja fundamentalmente formado por um pico longo e um pico curto, há outros picos menores que se situam perto. Os picos altos estão geralmente flanqueados pelos mais pequenos e a distância entre os dois dubletos é função do diferente carácter magnético dos substituintes. No parágrafo seguinte discute-se o sinal do hidrogénio do grupo carboxílico da Figura 3.

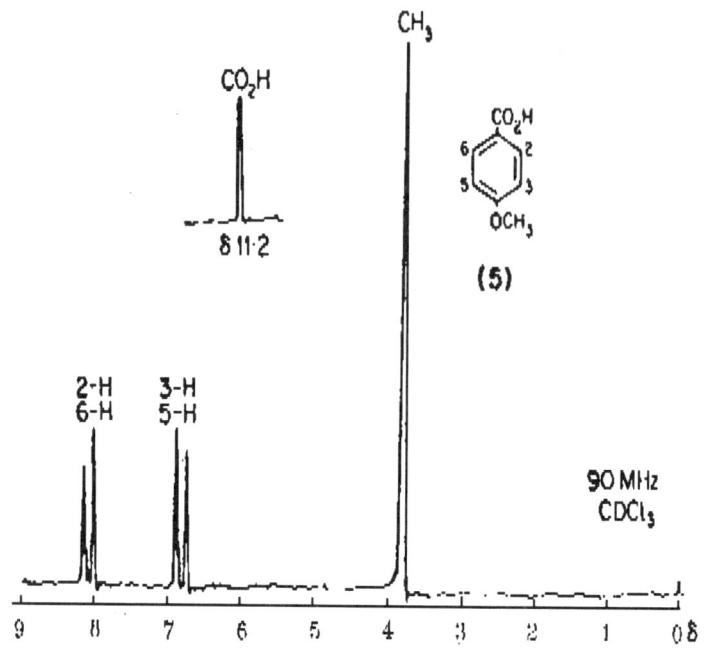

Figura 3. Espectro de R.M.N. do ácido 4-metoxibenzóico

(j) As ligações de hidrogénio dão origem a um desvio paramagnético do sinal do hidrogénio. Por vezes isto é suficiente para o sinal ultrapassar δ 10; em tais casos esta parte do espectro (que normalmente é referida como offset) é apresentada numa linha de base mais elevada do que a parte principal.

A maior parte dos ácidos carboxílicos existe em solução como dímeros ligados por ligações de hidrogénio intermoleculares (6). As ligações de hidrogénio intramoleculares são comuns em compostos tais como a 2-hidroxiacetofenona, a 2-nitroanilina e as 1,3-dicetonas (7) que tautomerizam em enóis (8) estabilizados por ligações de hidrogénio. A partir do espectro da mistura de equilíbrio de (7) e (8) é possível determinar a percentagem de cada tautómero presente.

ESPECTROMETRIA DE MASSA

Quando uma molécula é bombardeada por um feixe de electrões, ela perde um electrão, transformando-se num ião positivo (ião molecular). Se o potencial for suficientemente elevado, o ião molecular cinde-se em fragmentos, sendo alguns deles iões carregados positivamente e outros, espécies neutras (moléculas ou radicais). Os iões positivos são separados no espectrómetro por campos magnéticos e eléctricos, sendo a relação massa/carga (m/z) de cada ião registada pelo instrumento. A carga da maior parte dos iões é unitária, pelo que o espectro assim obtido constitui um registo da massa de cada ião. Os espectrómetros de massa modernos medem este valor com grande precisão, o que permite que a identidade e o número de átomos de cada ião sejam determinados. Uma vez que o ião molecular tem, efectivamente, a mesma massa que a molécula progenitora, o peso molecular exacto do composto pode ser obtido desta maneira; por exemplo, tanto o etanal, CH_3CHO, como o propano, $CH_3CH_2CH_3$, têm um peso molecular de 44, mas uma determinação exacta permite distinguir o etanal (44,0261) do propano (44,1248). A identidade de muitos dos iões fragmentados pode ser deduzida de maneira análoga e este conhecimento contribui para a determinação da estrutura do composto. Os iões fragmentados mais abundantes de um grande número de compostos encontram-se tabelados em *Compilation of Mass Spectral Data*, de A. Cornu e R. Massot (Heyden & Son, Londres) e *Eight Peak Index of Mass Spectra*, 3ª edição (Royal Society of Chemistry, Cambridge).

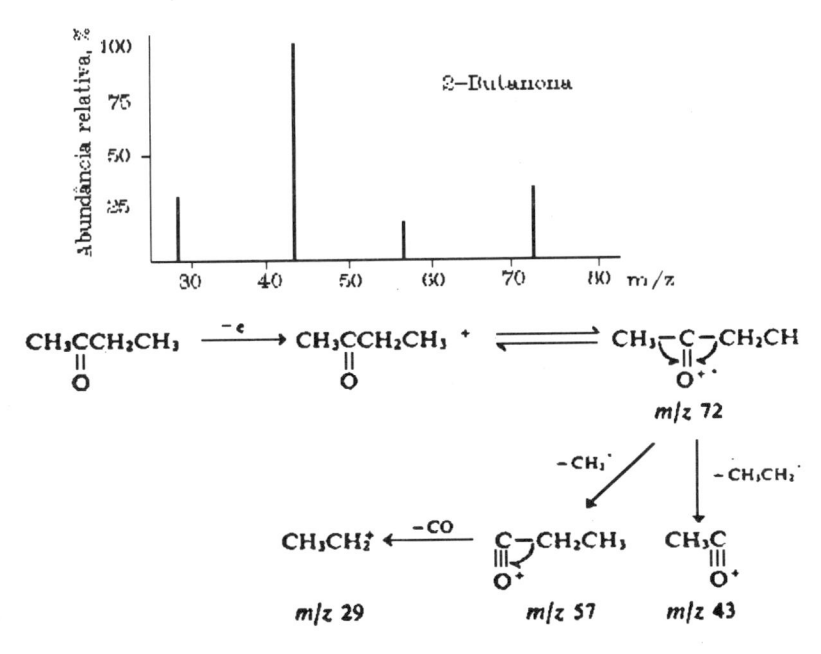

Figura 4. Espectro de massa e fragmentação da 2-butanona

A figura 4 mostra como uma cetona simples (2-butanona) se fragmenta no espectrómetro de massa (apenas se mostram os fragmentos principais). O pico a m/z 72 é o "ião molecular" que representa a massa molecular do composto. A elevada densidade do ião a m/z 43 mostra que ele é relativamente mais estável que os outros iões. No esquema de fragmentação usa-se uma seta curva para indicar a transferência de *um* electrão de uma ligação com dois electrões.

Tabela I. Grupos Funcionais que contêm C, H, O

Ensaio químico	Observação	Grupo funcional	Dados espectroscópicos
1. Dissolva o composto orgânico (0,2 g) em água ou etanol aquoso (5 cm³) e junte solução de hidróxido de sódio 1 M (1 gota). Ensaie a solução com o indicador BDH 1014 (2 a 3 gotas).	Cor verde	**Carboxilo**(RCOOH) **Fenol**(ArOH) **Enol**(RC=CHR') $\|$ OH	**Carboxilo**. I.V. 3000-2500 cm⁻¹, R=Ar e Alq, ν O-H (larga e complexa); 1720-1710 cm⁻¹, R=Alq, ν C=O (m) (que é menor com insaturação $\alpha\beta$); 1700-1680 cm⁻¹, R=Ar, ν C=O (m); 900-860 cm⁻¹(m, larga), γ O-H. R.M.N. δ 10,0-13,0, não afectada pela diluição.
a. Prepare uma solução saturada do composto em etanol aquoso a 50% e adicione igual volume de solução de bicarbonato de sódio a 5%.	Libertação de dióxido de carbono	**Carboxilo**	**Fenol**. I.V. 3620-3610 cm⁻¹, O-H (w, muito aguçada- não há ligação de hidrogénio); 3150-3050 cm⁻¹, ν O-H (s, larga- absorção normal para fenóis com ligações de hidrogénio); 1410-1310 cm⁻¹, δ O-H (m, larga); 1230 cm⁻¹, ν C-O (s, larga); ~650 cm⁻¹, γ O-H (variável). R.M.N. δ 4,5-6,8, varia com a concentração. Se houver ligações de hidrogénio, δ 8,0-13,0.
b. (i) Trate com solução aquosa, neutra, de cloreto de ferro(III) recentemente preparada (1 ou 2 gotas).	Larga gama de cores	**Fenol** ou **enol**	
(ii)Trate com cloreto de ferro(III) a 5% em metanol anidro.	(Ver Tabelas)		**Enol**. I.V. Semelhante aos fenóis, mas com as diferenças que se devem à presença da ligação C=C e (normalmente) à ausência da absorção característica dos aromáticos (veja absorção de hidrocarbonetos a seguir). R.M.N. δ 14,0-17,0 para O-H estabilizada por ligações de hidrogénio. N.B. A permuta de O-H por O-D é fácil em D_2O para todos os grupos O-H.
c. Se o ensaio 1b for positivo, prepare uma solução fria de nitrato de mercúrio(I) em ácido nítrico 2 M e adicione o composto orgânico.	Precipitado cinzento, imediato, de mercúrio	**Enol**	

Notas:

1. Abaixo de pH 10 o indicador BDH 1014 é verde. A adição de uma pequena quantidade de base diluída será insuficiente para neutralizar a quantidade dada de um ácido orgânico pelo que a cor com o indicador será verde. Se o composto orgânico não for acídico, ou se apenas contiver uma pequena quantidade de uma impureza acídica, a adição da base será suficiente para aumentar o pH, dando uma cor rosa.

a. $RCO_2H + NaHCO_3 \longrightarrow RCO_2Na + CO_2 + H_2O$

Os fenóis e os enóis não são, normalmente, suficientemente acídicos para dar a reacção acima. Há excepções, como no caso de fenóis que se encontram extensivamente substituídos com grupos que atraem electrões, por ex., o 2,4,6-trinitrofenol.

b.   Os fenóis e os enóis complexam com o ferro(III) para dar uma gama variada de cores. Note, contudo, que isto não é sempre assim e que, em alguns casos, a cor é extremamente fugaz.

c.   Os enóis reduzem os compostos de mercúrio(I) a mercúrio metálico, que aparece como um precipitado cinzento.

2. Trate o composto orgânico com 2,4-dinitrofenil-hidrazina em ácido clorídrico 5M (para os compostos solúveis em água) ou em ácido fosfórico etanólico. N.B. Os acetais, em soluções ácidas, passam a aldeídos e dão teste positivo com 2,4-dinitrofenil-hidrazina. Os ensaios de espelho de prata serão negativos a não ser que se hidrolisem primeiro os acetais.	Precipitado amarelo a vermelho		**Aldeído.** I.V. 2720 cm^{-1}, aldeído ν C-H(w); 1725-1715 cm^{-1}, ν C=O (s, que baixa com insaturação $\alpha\beta$ para $\approx$ 1685 cm^{-1}); 1700 cm^{-1}, R = Ar, ν C=O (s) R.M.N. δ 9,0-10,0 **Cetonas.** I.V. 1720-1710 cm^{-1}, R e R' = Alq, ν C=O (s, afectada pela insaturação $\alpha\beta$ como os aldeídos); 1690 cm^{-1}, R = Alq, R' = Ar, ν C=O(s); 1665 cm^{-1}, R e R' = Ar, ν C=O (s) R.M.N. Ver Tabela XII no que concerne ao efeito do grupo cetónico sobre o desvio químico de protões vizinhos. N.B. Os valores de ν C=O no espectro de I.V. de aldeídos e cetonas diminuem se o grupo intervém em ligações de hidrogénio, particularmente com os grupos álcool e fenol.
a. Adicione hidróxido de amónio 2M, gota a gota, a uma solução de nitrato de prata a 5%, até que o precipitado se dissolva. Adicione o composto orgânico e aqueça num banho de água. Pode-se adicionar um pouco de etanol se o composto não for solúvel em água.	Forma-se um espelho de prata	**Aldeídos** alifáticos	
b. Se o ensaio 2a for negativo, trate a solução de nitrato de prata a 5% com hidróxido de sódio 2M (2 gotas). Dissolva o precipitado obtido no mínimo de hidróxido de amónio 2M. Adicione o composto orgânico e proceda como no ensaio 2a.	Forma-se um espelho de prata	**Aldeídos** aromáticos	
c. Ensaios 2a e 2b	Não se forma o espelho de prata	**Cetona**	

Notas

RCHO + O$_2$N—C$_6$H$_3$(NO$_2$)—NHNH$_2$ $\longrightarrow$ O$_2$N—C$_6$H$_3$(NO$_2$)—NHN=CHR
amarelo-vermelho

R'R''CO + O$_2$N—C$_6$H$_3$(NO$_2$)—NHNH$_2$ $\longrightarrow$ O$_2$N—C$_6$H$_3$(NO$_2$)—NHN=CR'R''
amarelo-vermelho.

a. O nitrato de prata amoniacal é um agente oxidante apenas suficientemente forte para oxidar aldeídos alifáticos.
b. A solução de prata preparada como se descreve em 2b acima é um agente oxidante moderadamente forte para ambos os aldeídos, alifáticos e aromáticos.
c. As cetonas não dão, normalmente, espelhos de prata, se bem que haja algumas excepções como, p. ex., a acetofenona e a ciclo-hexanona.

Tabela I. Grupos Funcionais que contêm C, H, O (cont.)

Ensaio químico	Observação	Grupo funcional	Dados espectroscópicos
3. (i) Adicione trióxido de crómio a 5% em ácido sulfúrico 2M (3 gotas). Aqueça a 40-50° durante 1 minuto.	A cor vermelha muda para verde	Álcool (AlqOH)	I.V. ~3300 cm^{-1}, ν O-H (s, larga para a maior parte dos álcoois nos estados sólido ou líquido). Quando em solução diluída, não polar, ν O-H pode ir até 3620 cm^{-1} (não há ligação de hidrogénio).
(ii) Dissolva o composto em água, dioxano ou propanona (acetona) e adicione nitrato de cério(IV) a 40% em ácido nítrico 2M (3 a 4 gotas).	Cor vermelha		R.M.N. δ 1,0-5,0 dependendo do solvente e da concentração.

Nota

3. As reacções redox (i) e (ii) que envolvem alteração da valência dos iões metálicos dão origem à alteração da cor do reagente:
   Cr (VI) (vermelho- laranja) --> Cr (III) (verde)
   Ce^{4+} (laranja-amarelo) --> Ce^{3+} (incolor, vermelho no complexo)

Ensaio químico	Observação	Grupo funcional	Dados espectroscópicos
4. Se o ensaio 3 for positivo e se o composto desconhecido for um sólido, dissolva-o em água e adicione 1-naftol a 10% em etanol seguido da adição lenta (ao longo da parede do tubo de ensaio) de ácido sulfúrico concentrado.	Cor violeta na interface líquida	Carbo-hidrato	I.V. Semelhante, em muitos aspectos, aos espectros dos álcoois. Também 930-804 cm^{-1}, vibração assim. do anel; 898-884 cm^{-1}, deformação anomérica equatorial C-H (açúcares β); 888-872 cm^{-1}, deformação equatorial C-H; 852-836 cm^{-1}, deformação anomérica axial C-H (açúcares α). R.M.N. Sinal complexo a δ 3,0-5,0 em D_2O.
a. Se o ensaio 4 for positivo prepare uma solução que contenha volumes iguais de sulfato de cobre(II) 0,1M e de tartarato de sódio e potássio 0,1M. Adicione hidróxido de sódio 0,1M até que o precipitado se dissolva e junte então o composto orgânico. Aqueça num banho de água fervente até 5 minutos (teste de Fehling).	Precipitado vermelho-tijolo	Carbo-hidrato redutor	
b. Dissolva o composto em água e adicione uma solução de etanoato (acetato) de cobre(II) a 5% em ácido etanóico (acético) aquoso a 1%. Ferva suavemente até 2 minutos.	Precipitado vermelho-tijolo	Monossacárido	

c. Se o ensaio 4b for positivo, tome o composto (0,1g) e 1,3,5-tri-hidroxibenzeno (floroglucinol, 0,1g) e dissolva em 2 cm³ de ácido clorídrico 2M. Aqueça à fervura até 2 minutos.	Amarelo pálido Cor intensa castanha avermelhada	**Hexose Pentose**

Nota

4. O verdadeiro mecanismo da reacção é incerto, mas a explicação mais provável inclui a formação de uma naftoquinona do tipo geral

a. Açúcares redutores reduzem as soluções de tartarato de cobre(II) dando como produto óxido de cobre(I) (vermelho-tijolo).
b. Como em a. acima.
c. Como em 4. acima.

5. (i) Misture volumes iguais de soluções saturadas, em metanol, de cloreto de hidroxilamina e de hidróxido de potássio. Junte o composto orgânico e aqueça num banho de água a ferver. Arrefeça, acidifique com ácido clorídrico 0,2M e junte cloreto de ferro(III) aquoso a 5% (3 gotas). N.B. Este ensaio não deve ser feito se os ensaios 1b e 1c forem positivos. (ii) Dissolva o composto em etanol; adicione hidróxido de potássio metanólico (1 gota) e fenolftaleína (1 gota). Prepare uma mistura semelhante, mas omita o composto em estudo. Aqueça ambas num banho de água a ferver.	Coloração vermelha a violeta Cor rosa que desvanece na solução de ensaio	**Éster** (RCO.OR') (e lactona) ou **Anidrido** (RCO.O.COR)

Ésteres. I.V. 1735 cm⁻¹, R e R' = Alq, ν C=O (s); 1725-1715 cm⁻¹, R = Ar ou vinilo, ν C=O (s); 1765-1755 cm⁻¹, R' = Ar ou vinilo, ν C=O (s)*; 1735 cm⁻¹, R e R' = Ar, ν C=O (s); 1735 cm⁻¹, δ-lactona ν C=O (s);1770 cm⁻¹, γ-lactona ν C=O (s); 1300-1050 cm⁻¹, ν C-O-C assim. e sim. (2bandas,s).
*N.B. Os ésteres ftálicos têm ν C=O a 1780-1760 cm⁻¹.
R.M.N. Ver Tabela XII.

Anidridos. I.V. 1830-1810 cm⁻¹, 1770-1750 cm⁻¹, R = Alq, ν C=O (dubleto devido ao acoplamento, s); 1795-1775 cm⁻¹, 1735-1715 cm⁻¹, R = Ar ou vinilo, ν C=O (dubleto devido ao acoplamento, s); 1810-1790 cm⁻¹, 1760-1740 cm⁻¹, ν C=O (anidrido cíclico com 6 lados, s); 1875-1855 cm⁻¹, 1800-1775 cm⁻¹, ν C=O (anidrido cíclico com 5 lados).
R.M.N. Ver comentários que se referem aos ésteres.

Tabela I. Grupos Funcionais que contêm C, H, O (cont.)

Ensaio químico	Observação	Grupo funcional	Dados espectroscópicos
a. Se o ensaio 5 for positivo, dissolva o composto em benzeno ou triclorometano (clorofórmio) e adicione anilina (2 gotas). Aqueça suavemente durante 1-2 minutos	Forma-se precipitado	**Anidrido**	

Notas
5. (i) Os ésteres e os anidridos reagem com a hidroxilamina dando o respectivo ácido hidroxâmico:

$$RCO_2R' \xrightarrow{NH_2OH} RC(\text{=NOH})\text{-OH} \rightleftharpoons RC(\text{=O})\text{-NHOH}$$

O ácido hidroxâmico dá complexos corados com ferro(III) (comparar com enóis).
(ii) Quando o hidróxido de potássio é consumido na hidrólise usual de um éster ou de um anidrido, o pH da mistura diminui à medida que a reacção progride, o que é indicado pela mudança da cor do indicador, a fenolftaleína.

a. A anilina reage facilmente com os anidridos para dar a correspondente anilida, p.ex. $PhNH_2 + (CH_3CO)_2O \rightarrow PhNHCOCH_3$. As anilidas são apenas ligeiramente solúveis em benzeno e triclorometano, pelo que aparecem como precipitados.

6. (i) Exame visual	Quando puro o composto tem uma cor que vai de vermelho a amarelo	**Quinona**	I.V. 1690-1655 cm^{-1}, ν C=O R.M.N. δ 6,5-7,5 (protões do anel da quinona)
(ii) Adicione hidróxido de sódio 2M	Intensificação pronunciada da cor original		

Notas
6. (i) Os compostos que têm estruturas quinonóides conjugadas absorvem na região visível do espectro, como resultado de uma transição n --> π* fraca e, consequentemente, apresentam cor.
(ii) O incremento da cor original por acção da base resulta da formação de um carbanião do tipo

O aumento da disponibilidade de electrões dá origem a aumentos tanto em ε_{max} como em λ_{max}.

| 7. Aqueça a 40-50º com ácido sulfúrico concentrado. | O composto dissolve-se completamente sem carbonizar | **Éter (ROR')** | I.V. 1275-1200 cm^{-1}, R = Ar ou vinilo ν C-O-C assim. (s); 1150-1070 cm^{-1}, R = Alq ν C-O-C assim. (s) N.B. As absorções nas regiões dadas acima não são, necessariamente, prova conclusiva de um éter como tal mas apenas do agrupamento C-O-C. R.M.N. Ver a Tabela XII para o efeito da ligação característica dos éteres sobre os desvios químicos dos protões vizinhos. |

Nota
7. Os éteres não são, geralmente, compostos reactivos e, de uma maneira geral, dissolvem-se em ácido sulfúrico concentrado, quente, sem decomposição (carbonização). Note que a presença de outros grupos funcionais pode invalidar este ensaio, por isso se deve ter cautela na sua interpretação.

Tabela I. Grupos Funcionais que contêm C, H, O (cont.)

Ensaio químico	Observação	Grupo funcional	Dados espectroscópicos
8. (i) Trate com solução de permanganato de potássio a 1% e agite bem. N.B. Este ensaio não é válido para compostos que contêm grupos que sejam facilmente oxidáveis. (ii) Dissolva o composto em tetracloreto de carbono e adicione bromo a 5% em tetracloreto de carbono (2 gotas).	A cor púrpura desaparece rapidamente a frio. A cor castanha avermelhada desaparece *sem libertação de brometo de hidrogénio*	**Alqueno**(RCH=CHR') **Alquino**(RC≡CR')	**Alqueno** I.V. 1670-1610 cm^{-1}, ν C=C (intensidade variável, ausente se o composto for simétrico relativamente à ligação dupla); 1600-1590 cm^{-1}, ν C=C (conjugada, m). Para dados sobre C-H, ver Tabela XI R.M.N. δ 4,5-6,3. **Alquino**. I.V. 2260-2190 cm^{-1}, ν C≡C (disubstituído, w) 2140-2100 cm^{-1}, ν C≡C (monosubstituído, w) R.M.N. δ 2,5-3,0

Notas
8. (i) O agente oxidante é reduzido reagindo com ligações duplas e triplas, com perda da cor púrpura:

$$RCH=CHR' \xrightarrow[H_2O]{|O|} RCHOH \cdot CHOHR'$$

$$RC\equiv CR' \xrightarrow[H_2O]{|O|} RCO \cdot COR'$$

Note que este ensaio pode dar positivo quando estiverem presentes outros grupos que sejam facilmente oxidados. Em tais casos deve efectuar-se o ensaio de bromo (a seguir).
(ii) O bromo adiciona-se facilmente a alquenos e alquinos com perda da sua cor vermelha acastanhada:

$$RCH=CHR' \xrightarrow{Br_2} RCHBr \cdot CHBrR'; \quad RC=CR' \xrightarrow{Br_2} RCBr=CBrR'$$

Este ensaio pode dar resultados ambíguos quando existam funções contendo átomos de hidrogénio facilmente substituíveis ou um anel aromático reactivo, casos em que haverá libertação de brometo de hidrogénio.

9. Todos os ensaios acima dão negativo		Outros **hidrocarbonetos**	I.V. 1650-1450 cm^{-1} arom., ν C=C (podem estar presentes até 3 picos, mas o melhor diagnóstico é o pico a ≈1600 cm^{-1}); 1250-1200 cm^{-1}, 1170-1145 cm^{-1}, ν C-C (modo do esqueleto, dubleto, variável); para os dados de C-H, ver a Tabela XI R.M.N. Alcanos saturados δ 0,4-2,1; benzenóides δ 6,0-8,6

Nota
9. Os hidrocarbonetos aromáticos e os alifáticos saturados não são reactivos nas condições dos ensaios acima.

Tabela II. Grupos Funcionais que contêm C, H, N, O

Ensaio químico	Observação	Grupo funcional	Dados espectroscópicos
1 a. Dissolva* em ácido clorídrico 2M à temperatura ambiente, arrefeça a 5°, com gelo, e junte solução aquosa de nitrito de sódio a 5% (3 a 4 gotas)	Efervescência; liberta-se nitrogénio e obtém-se uma solução límpida	**Amina alifática pri. (AlqNH$_2$), aminoácido** ($^-$OOCAlqNH$^+_3$) ou **amida(RCONH$_2$)**	**Aminas** (primárias e secundárias, incluindo hidrazinas) I.V. 3500-3000 cm^{-1}, ν N-H (w-m, muitas vezes dupleto para o grupo -NH$_2$ devido a ν N-H assim. e sim.); 1640-1560 cm^{-1}, δ N-H(s); 1360-1250 cm^{-1}, 1280-1180 cm^{-1}, ν C-N (dupleto para carbono insaturado); 1230-1030 cm^{-1}, ν C-N (v)*, 1150-1100 cm^{-1}, ν C-N (como em C-N-C, v); 900-650 cm^{-1}, γ N-H (larga e difusa)
* Algumas aminas fracamente básicas necessitam de ácido clorídrico concentrado; se isto falhar, a amina deve ser dissolvida no mínimo de etanol, adicionando-se um pouco de ácido sulfúrico concentrado e arrefecendo a solução em gelo. Os compostos que têm um anel de pirrole são tão fracamente básicos que não dão as reacções acima.	Não há efervescência;obtém-se a solução límpida	**Amina aromática pri. (ArNH$_2$)** ou **amina terc. (R$_3$N)**	N.B. As aminas terciárias não absorvem na região 3500-3000 cm^{-1} * Dupleto para as aminas terciárias R.M.N. Alifáticas δ 1,5-3,5; benzenóides δ 3,5-5,5; heterocíclicas δ 4,5-6,5. NH saturado, endocíclico, δ 0,0-1,5. ** NH nos anéis de pirazole e de imidazole, δ 10,0-14,0. As hidrazinas apresentam grandes variações nos seus valores δ. **NH do anel de pirrole, δ 7,5-11,0
	Obtém-se uma solução castanho escura	**Amina terc. aromática não substituída na posição 4**	
	Não há efervescência; forma-se uma solução turva ou emulsão	**Amina secundária (R$_2$NH)** ou **arilhidrazina (ArNHNH$_2$)**	
b. Se o ensaio 1a der uma solução límpida, adicione algumas gotas dessa solução a uma solução de 2- naftol a 5% dissolvido em hidróxido de sódio 2M	Precipitado vermelho vivo a castanho escuro	**Amina aromática pri. (ArNH$_2$)**	**Amidas** I.V. 3300-3050 cm^{-1}; ν N-H (m, frequentemente um dupleto); 1690-1650 cm^{-1}, ν C=C (Amida, banda I, s); 1640-1600 cm^{-1}, modo de flexão de N-H (Amida, banda II); 1420-1405 cm^{-1}, ν C-N (Amida, banda III)
	Não dá cor; ignore os precipitados brancos a amarelos	**Amina alifática pri. (AlqNH$_2$), amina terc.(R$_3$N),aminoácido** ($^-$OOCAlqNH$^+_3$) ou **amida (RCONH$_2$)**	**Aminoácidos** I.V. 3100-2600 cm^{-1}, ν N-H (m); 1665-1585 cm^{-1}, deformação de NH$_3$ (Aminoácido, banda I, w); 1550-1485 cm^{-1}, deformação de NH$_3$ (Aminoácido, II, v). R.M.N. Normalmente insolúvel em CDCl$_3$; os espectros obtêm-se em D$_2$O, o que converte NH$_3$ em ND$_3$.
c. Dissolva em ácido clorídrico 2M à temperatura ambiente e adicione excesso de solução de Fehling. Aqueça num banho de água a ferver durante 5 minutos	Precipitado vermelho-tijolo	**Hidrazina substituída (RNHNH$_2$)**	
d. Dissolva em água e adicione ninidrina metanólica a 1%. Aqueça suavemente.	Cor violeta	**Aminoácido α ou β**	

Notas

1a. O ácido nitroso reage com grupos amino de maneiras diferentes, dependendo da sua natureza. Aminas alifáticas, aminoácidos e amidas produzem sais de diazónio, instáveis, que se decompõem, libertando azoto:

p. ex. AlqNH$_2$ ⟶ |AlqN$^+$ ≡ NCl$^-$| ⟶ AlqOH + N$_2$ + HCl

Tabela II. Grupos Funcionais que contêm C, H, N, O (cont.)

Ensaio químico	Observação	Grupo funcional	Dados espectroscópicos

A equação anterior é uma simplificação exagerada da reacção, pois, muitas vezes, formam-se outros produtos orgânicos.
As aminas aromáticas e as terciárias formam, respectivamente, sais de diazónio e nitritos, que são estáveis abaixo de 5°. Não se liberta azoto a não ser que a solução seja aquecida acima desta temperatura. Note que as aminas aromáticas terciárias, que têm a posição 4 livre, formam compostos 4-nitroso, os quais dão, normalmente, soluções castanhas:

$$Ph\text{-}N(CH_3)_2 \xrightarrow{HONO} 4\text{-}NO\text{-}C_6H_4\text{-}N(CH_3)_2$$

As aminas secundárias e as hidrazinas reagem com ácido nitroso, formando compostos N-nitroso, que aparecem como óleos amarelos:

$$R_2NH \longrightarrow R_2N.NO$$

1b. Os sais de diazónio estáveis acoplam com o 2-naftol alcalino, formando corantes azo, muito coloridos (geralmente vermelhos):

$$ArN^+ \equiv NCl^- + \text{2-naftolato} \longrightarrow \text{1-(ArN=N)-2-naftolato}$$

1c. As hidrazinas substituídas são agentes redutores que convertem as soluções de cobre(II) (Fehling) a óxido de cobre(I) (precipitado vermelho-tijolo).

1d. Depois da eliminação das aminas primárias e secundárias simples, os aminoácidos podem ser identificados pela sua reacção com ninidrina (hidrato da 1,2,3-indanotriona). A reacção é complexa, mas pode ser apresentada, em termos gerais, como se segue:

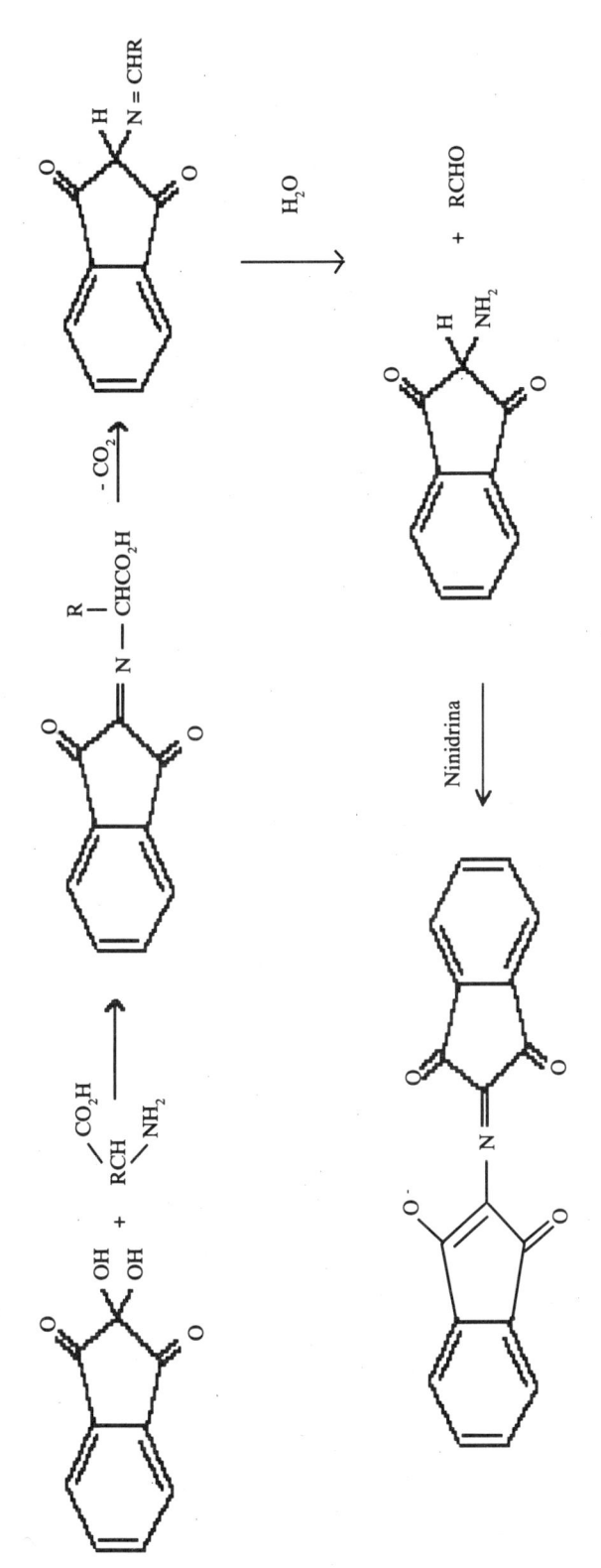

Tabela II. Grupos Funcionais que contêm C, H, N, O (cont.)

Ensaio químico	Observação	Grupo funcional	Dados espectroscópicos
2. Adicione solução concentrada de hidróxido de sódio. Aqueça fortemente durante cerca de 2 minutos	Liberta-se amoníaco	Sal de amónio (RCOO$^-$NH$_4^+$), amida(RCONH$_2$), imida (RCONHCOHNR) ou nitrilo(RCN)	Sais de amónio. I.V. 3300-3030 cm^{-1}, ν N-H (grupo NH$_4^+$), 1430-1390 cm^{-1}, modo de flexão de N-H (grupo NH$_4^+$) R.M.N. Normalmente insolúvel em CDCl$_3$
a. Se o ensaio 2 for positivo, adicione solução fria de hidróxido de sódio 2M	O composto dissolve-se e liberta-se amoníaco	Sal de amónio	Imidas. I.V. Os espectros são semelhantes aos das amidas N-substituídas, particularmente em instrumentos de baixa resolução. Os instrumentos de maior resolução dão um dubleto para ν C=O R.M.N. δ 8,0-10,0, muito larga. N.B. Os grupos -NH- ou -NH$_2$ acima são convertidos em -ND- ou -ND$_2$ por tratamento com D$_2$O
b. Misture com enxofre num tubo de ensaio seco e aqueça suavemente. Ensaie o vapor produzido com uma fita absorvente tratada com solução aquosa de nitrato de ferro(III) a 1%	Mancha vermelha na fita	Nitrilo	Nitrilos. I.V. 2260-2240 cm^{-1}, R = Alq, ν C≡N (m, muito afilado); 2240-2220 cm^{-1}, R = Ar ou vinilo, ν C≡N.
c. Se o ensaio 2 for positivo e os ensaios 2a e 2b forem negativos, pode-se distinguir uma imida de uma amida misturando soluções metanólicas saturadas do composto com hidróxido de potássio	Forma-se precipitado branco	Imida	

Notas

2. Os sais de amónio, amidas, imidas e nitrilos são hidrolisados por bases fortes com libertação de amoníaco:

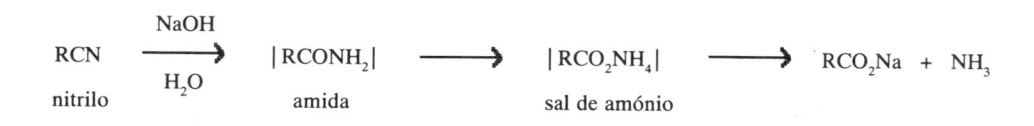

$$\text{RCN} \xrightarrow[\text{H}_2\text{O}]{\text{NaOH}} |\text{RCONH}_2| \longrightarrow |\text{RCO}_2\text{NH}_4| \longrightarrow \text{RCO}_2\text{Na} + \text{NH}_3$$
nitrilo   amida   sal de amónio

a. A facilidade da hidrólise diminui como se segue: sais de amónio > amidas > nitrilos; os sais de amónio são facilmente hidrolisados com base diluída, fria, dando amoníaco.
b. Os nitrilos reagem com enxofre a temperaturas elevadas para dar ácido tiociânico, o qual pode ser detectado através da sua reacção com ferro(III), dando uma cor vermelha. Note que os compostos que têm o agrupamento >C=N- também dão este teste.
c. Devido à influência da capacidade atractiva de electrões que possuem os grupos carbonilo vizinhos, a função -NH- de uma imida é suficientemente acídica para dar um sal de potássio, insolúvel em metanol, por tratamento com hidróxido de potássio.

3. Adicione ácido sulfúrico a 70% e aqueça em refluxo durante 10 minutos. Arrefeça a 5°, com gelo, e junte solução de nitrito de sódio a 5%. Deite esta mistura numa solução de 2-naftol a 5% em hidróxido de sódio.	Precipitado vermelho vivo a castanho escuro	**Amida N-substituída (RCONHAr)**	I.V. Absorção semelhante à dada antes para as amidas, mas os valores para as bandas II e III das amidas baixam geralmente de ≈70-150 cm^{-1}; também ν N-H aparece como singleto. Note que se R = Ar ou vinilo, os valores aumentam ≈15 cm^{-1} R.M.N. δ 5,0-8,5, muito largo para -CONH$_2$, mas normalmente afilado para -CONHR. Os dois hidrogénios de -CONH$_2$ por vezes não são equivalentes, dando dois sinais.
	Não dá precipitado corado; ignore os precipitados brancos a amarelos	Possivelmente RCONHAlq	

Notas

3. As amidas N-substituídas são facilmente hidrolisadas em ácido forte, dando a correspondente amina (como sal):

$$\text{RCONHR'} \xrightarrow[H_2O]{H^+} \text{RCO}_2\text{H} + \text{R'NH}_3^+$$

Uma amina aromática primária produzida deste modo pode ser caracterizada como se descreve acima (ensaios 1a e 1b)

4. (i) A uma solução aquosa de sulfato de ferro(II) (1 cm³) adicione algumas gotas de hidróxido de sódio 2M, seguidas do composto orgânico. Prepare uma mistura semelhante, mas omita o composto orgânico. Aqueça num banho de água a ferver durante não mais de 2 minutos.	Precipitado cinzento a verde na solução de ensaio muda para castanho	**Composto nitro (RNO$_2$)**	**Compostos nitro.** I.V. 1615-1540 cm^{-1}, 1390-1320 cm^{-1}, R = Alq, ν N=O (dubleto para os modos assim. e sim., s); 1548-1508 cm^{-1}, 1365-1335 cm^{-1}, R = Ar, ν N=O (s, dubleto, como acima) **Nitrofenóis.** I.V. e R.M.N. Ver as absorções de cada grupo funcional separadamente.
(ii) Dissolva o composto em propanona (acetona) e junte solução de cloreto ou de sulfato de titânio(III) a 5% (3-5 gotas); aqueça suavemente	A cor de malva desaparece num intervalo de 2 minutos		
a. Se o ensaio 4 for positivo, reduza o composto como segue: adicione zinco e ácido clorídrico 7M e aqueça, agitando continuamente, durante 15 minutos. Filtre a mistura, arrefeça a 5°, com gelo, e junte nitrito de sódio aquoso a 5%. Adicione isto a uma solução a 5% de 2-naftol em hidróxido de sódio 2M.	Precipitado vermelho a castanho escuro	**Composto nitro aromático(ArNO$_2$)**	
	Não se forma precipitado corado; ignore precipitados brancos a amarelos	**Composto nitro alifático(AlqNO$_2$)**	

Tabela II. Grupos Funcionais que contêm C, H, N, O (cont.)

Ensaio químico	Observação	Grupo funcional	Dados espectroscópicos
b. Adicione solução de hidróxido de sódio 2M	Cor ou precipitado amarelo ou laranja intenso	**Nitrofenol** (HOArNO$_2$)	

Notas

4. (i) O sulfato de ferro(II) reage com hidróxido de sódio para dar um precipitado cinzento esverdeado de hidróxido de ferro(II), que reduz os compostos nitro a aminas, sendo ele próprio oxidado a hidróxido de ferro(III), castanho.
(ii) De igual modo, os sais de titânio(III), cor de malva, são poderosos agentes redutores, sendo oxidados a titânio(IV), incolor, pelos compostos nitro.
a. Os compostos nitro, tanto os aromáticos como os alifáticos, são reduzidos pelo estanho e ácido clorídrico às correspondentes aminas. Estas podem ser caracterizadas como se descreve nos ensaios 1a e 1b.
b. Os nitrofenóis formam facilmente sais em base forte, funcionando o anião como poderoso auxocromo na zona visível do espectro de absorção, como resultado do aumento da disponibilidade em electrões do ião.

Tabela III. Grupos Funcionais que contêm C, H, O, Halogénio.

Ensaio químico	Observação	Grupo funcional	Dados espectroscópicos
1. Prepare uma solução saturada, límpida, do composto em ácido nítrico 2M e adicione nitrato de prata aquoso.	Precipitado branco	**Haleto de acilo** (RCOHal)	I.V. 1810-1780 cm^{-1}, ν C=O (dubleto quando R = Ar, s)
2. Se o ensaio 1 for negativo, trate o composto com hidróxido de potássio metanólico. Ferva durante dois minutos, arrefeça, acidifique com ácido nítrico 2M e adicione nitrato de prata etanólico a 2%	Precipitado branco a amarelo formado a frio ou depois de leve aquecimento	**Haleto de alquilo** (AlqHal)	I.V. 1250-960 cm^{-1}, ν C-F; 830-500 cm^{-1}, ν C-Cl (s, observe a banda harmónica a 1510-1480 cm^{-1}); 650-520 cm^{-1}, ν C-Br; 550-400 cm^{-1}, ν C-I
Os ensaios 1 e 2 dão negativo		**Haleto de arilo** (ArHal)	

Notas

1, 2. Os diferentes tipos de haleto podem distinguir-se pela facilidade com que são hidrolisados. Os haletos de acilo são facilmente hidrolisados em água fria; os haletos de alquilo requerem condições alcalinas fracas. A maior parte dos haletos de arilo não se hidrolisa nestas condições em resultado da estabilização da molécula por ressonância, mas a presença de funções que atraem electrões nas posições *orto* e *para* torna o átomo de halogénio mais reactivo.

Tabela IV. Grupos Funcionais que contêm H, O, S

Ensaio químico	Observação	Grupo funcional	Dados espectroscópicos
1. Adicione água, agite bem e verifique com papel azul de tornesol	Facilmente solúvel, com reacção ácida	Ácido sulfónico (RSO$_2$OH)	**Ácidos sulfónicos.** I.V. 1250-1160 cm^{-1}, 1080-1000 cm^{-1}, ν S=O (dubleto devido aos modos de distensão assim. e sim.); 700-610 cm^{-1}, ν S-O. Note que a absorção do grupo O-H é semelhante à dos ácidos carboxílicos. R.M.N. Normalmente insolúvel em CDCl$_3$; em água, δ 11,0-12,0
2. Cheiro	Desagradável e penetrante	**Tiol** ou **tiofenol** (RSH) (também tioéter impuro)	**Tióis e tiofenóis.** I.V. 2600-2500 cm^{-1}, ν S-H (s) R.M.N. Semelhante aos álcoois e fenóis (Tabela I).
a. Se o ensaio 2 for positivo, dissolva em etanol e adicione nitrito de sódio sólido seguido de ácido sulfúrico 2M	Cor vermelha	Tiol primário ou sec. (AlqSH)	
	Cor verde que muda para vermelho com o tempo	Tiofenol(ArSH)	**Tioéteres.** I.V. 695-655 cm^{-1}, 630-600 cm^{-1}, C-S-C (dubleto) R.M.N. Semelhante aos éteres
	Não dá cor	Tioéter (RSR)	

Notas
1. Os ácidos sulfónicos são ácidos suficientemente fortes para mudar para azul o vermelho de tornesol.
2. Os tióis e os tiofenóis conhecem-se pelo seu cheiro, particularmente desagradável, razão pela qual não se encontram normalmente nos laboratórios de alunos.

Tabela V. Grupos Funcionais que contêm O, P

Ensaio químico	Observação	Grupo funcional	Dados espectroscópicos
1. Aqueça em refluxo com hidróxido de sódio aquoso a 30% durante 20 minutos, destilando depois todo o material volátil. Acidifique o resíduo com ácido sulfúrico 2M, extraia com éter e adicione à fase aquosa uma solução de molibdato de amónio em ácido nítrico concentrado. Aqueça mas não ferva.	Obtém-se um precipitado amarelo	Éster de ácido fosfórico (R$_3$PO$_4$)	I.V. 1315-1180 cm^{-1}, ν P=O (s); 1195-1185 cm^{-1}, ν P=O(w, muito afilada se R = CH$_3$); 1100-950 cm^{-1}, ν P-O-C; 950-875 cm^{-1}, (s, se R = Ph)

Nota
1. Os ésteres de ácido fosfórico hidrolisam em base forte, libertando iões fosfato. Estes podem ser detectados (depois de retirado o material orgânico) por reacção com o molibdato de amónio em ácido nítrico, caso em que se forma um precipitado amarelo de fosfomolibdato de amónio.

Tabela VI. Grupos Funcionais que contêm H, Halogénio, N

Ensaio químico	Observação	Grupo funcional	Dados espectroscópicos
1. Dissolva em água; adicione excesso de ácido nítrico e, depois, nitrato de prata aquoso	Forma-se um precipitado branco a amarelo	**Haletos** de uma base ($RNH_3^+X^-$, $R_2NH_2^+X^-$, $R_3NH^+X^-$) ou **sal de amónio quaternário** ($R_4N^+X^-$)	**Haletos.** I.V. 3000-2250 cm^{-1}, ν N-H (muitas vezes larga e complexa, particularmente nos sais de aminas secundárias e terciárias); 1600-1575 cm^{-1}, modo de flexão de N-H (dubleto com banda a 1500 cm^{-1} para os sais de aminas primárias). Note que estas bandas estão ausentes nos sais de aminas terciárias. R.M.N. Normalmente insolúvel em CDCl$_3$, devendo ser convertidos na amina livre (ver aminas)
a. Se o ensaio 1 for positivo, adicione excesso de base e extraia a mistura com éter. Seque o extracto com sulfato de sódio anidro e evapore o éter num banho de água	Obtém-se um resíduo; examine como se descreve na Tabela II, ensaios 1a, 1b e 1c	**Haleto** de uma base	**Sais de amónio quaternários.** I.V. Não há absorções características R.M.N. Normalmente insolúvel em CDCl$_3$
	Não se obtém resíduo	**Sal de amónio quaternário**	

Notas
1. Tanto os haletos das bases como os sais de amónio quaternários são iónicos, dissolvendo-se em água com libertação dos iões haleto, os quais podem ser detectados com nitrato de prata em ácido nítrico.
a. O tratamento dos haletos de bases com álcali liberta a base orgânica, que pode ser caracterizada (depois de isolada) como se descreve na Tabela II, ensaios 1a e 1b. Os sais de amónio quaternários não são afectados pela adição de base e não se podem extrair da fase aquosa com éter.

Tabela VII. Grupos Funcionais que contêm Halogénio, O, S

Ensaio químico	Observação	Grupo funcional	Dados espectroscópicos
1. Aqueça com água durante 10 minutos e arrefeça. Acidifique com ácido nítrico 2M e adicione nitrato de prata aquoso	Precipitado branco a amarelo	**Haleto de sulfonilo** (RSO_2Hal)	I.V. 1385-1320 cm^{-1}, 1185-1150 cm^{-1}, ν S=O (dubleto para os modos assim. e sim.)

Nota
1. Os haletos de sulfonilo hidrolisam em água quente dando iões haleto (comparar com os haletos de alquilo).

Tabela VIII. Grupos Funcionais que contêm C, H, N, O, S

Ensaio químico	Observação	Grupo funcional	Dados espectroscópicos
1. Aqueça com hidróxido de potássio sólido	Liberta-se amoníaco	**Sulfonamida** (RSO_2NH_2)	I.V. 1375-1330 cm^{-1}, 1180-1160 cm^{-1}; S=O (dubleto para os modos assim. e sim.). As outras absorções são semelhantes às das amidas e das amidas N-substituídas
	Liberta-se amina	**Sulfonamida N-substituída** (RSO_2NHR' ou $RSO_2NR'R''$). Verifique como se descreve na Tabela II, Ensaios 1a e 1b	
2. Aqueça com ácido sulfúrico 2M	Liberta-se sulfeto de hidrogénio	**Tioamida** ($RCSNH_2$)	I.V. 1405-1290 cm^{-1}, C=S (análoga à banda I das amidas, ver Tabela II)
3. Dissolva em água, acidifique com ácido clorídrico 2M e adicione solução de cloreto de bário	Precipitado branco	**Hidrogenossulfato** (RNH_3HSO_4, $R_2NH_2HSO_4$ ou R_3NHHSO_4)	I.V. Ver os dados para os haletos (Tabela VI)

Notas

1. As sulfonamidas e as sulfonamidas N-substituídas são hidrolisadas em condições básicas, libertando amoníaco e as várias aminas respectivamente. As aminas podem caracterizar-se como se descreve na Tabela II, Ensaios 1a e 1b.
2. As tioamidas hidrolisam facilmente, dando sulfeto de hidrogénio e a correspondente amida.

$$\underset{RC.NH_2}{\overset{S}{\|}} \xrightarrow{H_2O, H^+} \underset{RC.NH_2}{\overset{O}{\|}} + H_2S$$

3. Os hidrogenossulfatos dissolvem-se em água, libertando os iões sulfato. Estes podem ser detectados pela adição de cloreto de bário (em ácido clorídrico), o que origina um precipitado branco de sulfato de bário.

Tabela IX. Grupos Funcionais que contêm H, N, O, P

Ensaio químico	Observação	Grupo funcional	Dados espectroscópicos
1. Dissolva em água e trate com ácido nítrico concentrado e molibdato de amónio aquoso. Aqueça mas não ferva.	Obtém-se um precipitado amarelo	**Fosfato**	I.V. Veja os dados para os haletos (Tabela VI)

Nota

1. Os fosfatos dissolvem-se em água, libertando os iões fosfato (comparar Tabela V, Nota 1)

Tabela X. Absorções características dos alcanos

Grupo	Frequência (cm^{-1})*	Atribuição
$-CH_3$	2962 ± 10	ν C-H assim., s
	2872 ± 10	ν C-H sim., s
	1450 ± 20	Flexão C-H assim., m
	1380 ± 10	Flexão C-H sim., s
$-CH(CH_3)_2$	1385 - 1370	Dubleto, flexão C-H, s
	1170 ± 5	ν C-C, v
	1145 ± 5	Ligação do esqueleto C-C-H, v
$-C(CH_3)_3$	1397 - 1370	Dubleto, flexão C-H, m-s
	1250 ± 5 ⎫ 1210 ± 6 ⎭	Flexão do esqueleto C-C, v
$-CH_2-$	2926 ± 5	ν C-H assim., s
	2853 ± 5	ν C-H sim., s
	1465 ± 15	Flexão C-H, muito afilada, m
	1350 - 1150	Torsão C-H, v
	1100 - 700	Baloiço C-H, s
$-(CH_2)_n-$	740 - 720	n ≥ 4, flexão C-C, singleto no líquido, dubleto no sólido, v
$\diagdown$C-H $\diagup$	2890 ± 10	ν C-H, w

*Quando a gama de frequências se indica com ±, o valor dado é o que normalmente se encontra. Quando se dá simplesmente uma zona, as absorções dispersam-se largamente entre os dois valores.

Tabela XI. Absorções características de distensão e torsão de grupos C-H (alcenos e arilos)

Grupo	Frequência (cm^{-1})*	Atribuição
$=CH_2$	3080 ± 20	ν C-H assim., w-m
	2975 ± 10	ν C-H sim., w-m
C-H, arilo	3050 ± 30	ν C-H, w
R'\\C=C/H ; H/C=C\\H	990 ± 5	γ C-H, m
	907 ± 3	γ C-H, m
R'\\C=C/H ; H/C=C\\R''	970 ± 6	γ C-H, m
R'\\C=C/H ; R''/C=C\\H	890 ± 5	γ C-H, s
R'\\C=C/R''' ; R''/C=C\\H	815 ± 20	γ C-H, m

Grupo	Frequência (cm^{-1})*	Atribuição
R'\C=C/R'' H/ \H	690 ± 20	γ C-H, v, difícil de interpretar em alguns casos
C-H, arilo	671	Benzeno, γ C-H, s
Monosubstituido**	900 - 860 770 - 730 710 - 690	γ C-H, w-m γ C-H, s γ C-H, s
1,2-Disubstituido**	960 - 905 850 - 810 760 - 745	γ C-H, w γ C-H, w γ C-H, w
1,3-Disubstituido**	960 - 900 880 - 830 820 - 790	γ C-H, m γ C-H, m-s γ C-H, w-m
1,4 e 1,2,3,4-Di e tetra-substituidos**	860 - 800	γ C-H, s
1,2,3-Trisubstituidos**	965 - 950 900 - 885 780 - 760 720 - 686	γ C-H, w γ C-H, w γ C-H, s γ C-H, m
1,2,4-Trisubstituidos**	940 - 920 900 - 885 780 - 760	γ C-H, w γ C-H, m γ C-H, s
1,3,5-Trisubstituidos**	950 - 925 860 - 830	γ C-H, v γ C-H, s
1,2,3,5-, 1,2,4,5- e 1,2,3,4,5-Polisubstituidos**	870 - 850	γ C-H, s

*Quando a gama de frequências se indica com ±, o valor dado é o que normalmente se encontra. Quando se dá simplesmente uma zona, as absorções dispersam-se largamente entre os dois valores.
**Estes valores são de maior confiança para os substituintes alquilo.

Tabela XII. Desvios químicos de protões ligados a carbonos

| | 10 | 9 | 8 | 7 | 6 | 5 | 4 | 3 | 2 | 1 | 0 δ |

Ciclopropano

$MeCH_2R^1$, R^1 = OH, OMe, OAc, SH, NH_2, I, COOH, COOMe, $CONH_2$, Ph, CN

Me_3CCOOH, $MeCH(OAlq)_2$

Ciclopentano, ciclo-hexano, Me_3COH

$MeCH_2Br$, $MeCH_2Cl$, $MeCH_2NO_2$

$MeCH = CH_2$, $MeC \equiv CH$, $MeCH = CHCOOH$

Ciclobutano, $Me_2C = CHCOOH$

MeR^2, R^2 = NH_2, SH, Ph, CN, CHO, COOH, COAlq, COOMe, $CONH_2$

MeF, MeCl, MeBr, MeI

$HCONMe_2$, $MeCH_2R^3$, R^3 = Ac, NH_2, COOMe, $CONH_2$, Ph

MeR^4, R^4 = OH, OMe, OAc, Ac, COPh, COCl, $CHBr_2$

$HC \equiv CR^5$, R^5 = CH_2OH, CH_2Cl, CH_2Br, CH_2I

$MeOR^6$, R^6 = H, alquilo, Ac, Ph, CH_2CN

$MeCH_2OH$, $MeCH_2OAlq$

MeCOOMe, H_2NCH_2COOH, $H_2NCHMeCOOH$

$PhCH_2R^7$, R^7 = NH_2, Cl, Br, CN, OH

$ClCH_2COOMe$, $ClCH_2CN$, $MeNO_2$, $AlqCH_2NO_2$, $MeOCH_2CN$

$H_2C = CHR^4$, $Cl_2CHCOOMe$, $MeCH = CHCOOH$

$H_2C = CHOAc$, $MeCH(OAlq)_2$, $H_2C = CBrMe$

$MeCHBr_2$, $PhCHBr_2$, $C_6H_3(OMe)_3$, $PhCH = CH_2$

$C_6H_5R^8$, R^8 = alquilo, OH, OMe, NH_2, Br, Cl

$H_2C = CHOAc$, $MeCH = CHCOOH$, $MeCH = CHCHO$

$C_6H_5R^9$, R^9 = NO_2, CN, Ac, CHO, COOH, $CONH_2$, COOMe

HCOOH, HCHO, $HCONMe_2$, $HCOOAlq$

AlqCHO, PhCHO

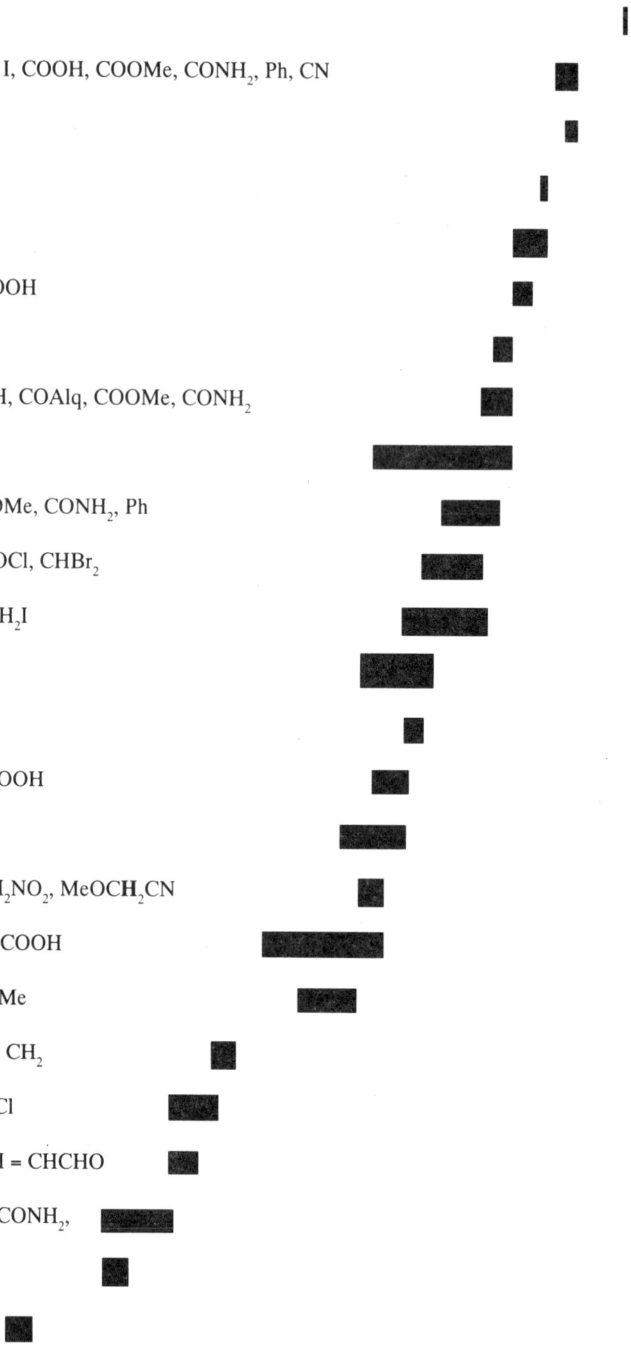

Ac = CH_3CO ; Alq = alquilo ; Me = CH_3

| | 10 | 9 | 8 | 7 | 6 | 5 | 4 | 3 | 2 | 1 | 0 δ |

Tabela XIII. Desvios químicos de protões ligados a oxigénio, azoto ou enxofre

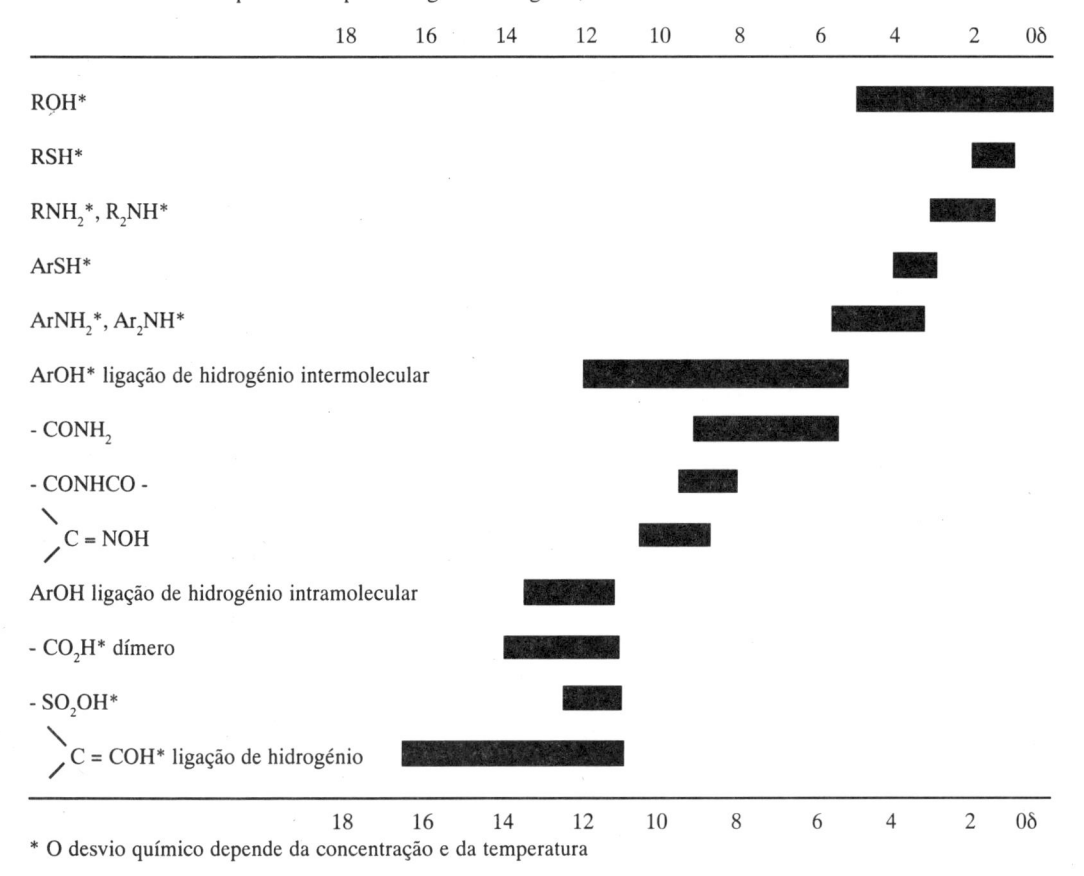

Grupo	Faixa (δ)
ROH*	~0–5
RSH*	~1–2
RNH$_2$*, R$_2$NH*	~1–3
ArSH*	~3–4
ArNH$_2$*, Ar$_2$NH*	~3–6
ArOH* ligação de hidrogénio intermolecular	~5–12
- CONH$_2$	~6–9
- CONHCO -	~8–10
\C = NOH /	~9–11
ArOH ligação de hidrogénio intramolecular	~11–13
- CO$_2$H* dímero	~11–14
- SO$_2$OH*	~11–12
\C = COH* ligação de hidrogénio /	~11–16

* O desvio químico depende da concentração e da temperatura

Tabela XIV. Constantes de acoplamento de spin-spin (Hz)

Estrutura	J (Hz)
H–C–C–H	4-10
H–C–OH	4-9
H–C–NH–	4-9
=CH$_2$ (geminal)	0-3
H–C=C–H (vinílico)	4-14

Tabela XIV. Constantes de acoplamento de spin-spin (Hz) (cont.)

Estrutura		J (Hz)
$\text{H}\diagdown\text{C}=\text{C}\diagup\text{H}$ (trans)		12-18
$\text{H}-\text{C}=\text{C}-\text{CH}_3$		1-2
$\text{H}-\text{C}-\text{C}(=\text{O})-\text{H}$		0,5-3
$-\text{C}=\text{C}(\text{H})-\text{C}(=\text{O})-\text{H}$		6-9
benzeno (posições 1,2,3,4)	$J_{1,2}$ $J_{1,3}$ $J_{1,4}$	6-10 0,5-3 0-1
furano (posições 2,3,4)	$J_{2,3}$ $J_{3,4}$	1-2 3-4
piridina (posições 2,3,4)	$J_{2,3}$ $J_{3,4}$	5-6 7-9

3

MÉTODOS CROMATOGRÁFICOS DE ANÁLISE E SEPARAÇÃO

Como técnica a cromatografia é agora, provavelmente, o método de separação e análise de maior utilização que se encontra à disposição dos químicos. Devido à grande diversidade dos procedimentos disponíveis não é possível cobrir todos os aspectos do método num texto desta dimensão. Por isso se consideram apenas aqueles modos de proceder que se mostram de aplicação fácil no laboratório de alunos de Química Orgânica. Os procedimentos escolhidos incluem a cromatografia em camada fina (analítica), a cromatografia líquida de alta eficiência, a cromatografia gás-líquido e a cromatografia preparativa em coluna.

Não se inclui neste texto a cromatografia em papel, por ela ter sido largamente suplantada pelos métodos de camada fina e porque as respectivas separações são, normalmente, bastante lentas. Também se excluiu a electroforese, uma vez que a sua utilização não é geral, pois ela aplica-se, sobretudo, à separação de substâncias iónicas.

CROMATOGRAFIA EM CAMADA FINA (CCF)

Na cromatografia em camada fina estende-se um adsorvente adequado(fase estacionária) sobre uma placa de vidro (por vezes uma placa de alumínio ou um filme de plástico). O adsorvente, que é geralmente alumina ou gel de sílica com partículas cujas dimensões são da ordem de 5-50 μm, contém normalmente um agente de ligação (dum modo geral gesso de Paris ou álcool polivinílico) a fim de promover uma aderência firme do adsorvente à placa ou ao filme.

Há actualmente disponíveis, a preços baixos, placas e filmes já preparados, se bem que se possam fazer facilmente, usando equipamento apropriado que se encontra facilmente no comércio. Para trabalho analítico a espessura do filme é normalmente de 1 mm , mas pode ser maior nas separações preparativas.

O modo de proceder em CCF requer a escolha de dois parâmetros experimentais, nomeadamente no que respeita ao adsorvente e ao solvente de desenvolvimento (fase móvel, eluente). Estes dependerão da natureza da mistura a separar, devendo-se, na escolha, atender aos seguintes factores. Usa-se geralmente a alumina na separação de compostos fracamente polares, preferindo-se o gel de sílica para a separação de substâncias mais polares. O poder de eluição da fase móvel depende essencialmente da sua polaridade, variando desde o hexano, na extremidade inferior, até aos sistemas aquosos altamente polares. É geralmente necessário fazer algumas experiências a fim de encontrar uma fase móvel apropriada, recomendando-se que se faça a discussão da escolha com o assistente do laboratório. É preferível usar solventes únicos a usar misturas, dado que pode às vezes ocorrer a separação dos solventes nas placas, dando origem a resultados erráticos.

Os compostos são normalmente caracterizados pelos seus valores de R_f, isto é, pela relação entre a distância percorrida pelo composto desconhecido e a distância percorrida pela frente do solvente. Note que tais valores devem ser ≤ 1. A CCF é um meio barato e eficiente para analisar misturas de compostos orgânicos não voláteis, sendo vivamente recomendada para estudos analíticos.

Modo de proceder em CCF

Toma-se uma tina de vidro de tamanho suficiente para conter placas que tenham até 15 cm de comprimento, introduz-se a fase móvel escolhida até uma altura de aproximadamente 0,5 cm e deixa-se ficar até que a atmosfera da tina fique saturada com o vapor do solvente e se atinja o equilíbrio térmico ; para facilitar, a tina deve estar num local onde não existam correntes de ar e deve estar isolada termicamente.

Dissolve-se a mistura a analisar num solvente apropriado de modo a obter uma solução com uma concentração de cerca de 1%. Com um tubo capilar de vidro coloca-se a solução (aproximadamente 10 μl) na placa, a cerca de 1,5 cm da sua base, tendo o cuidado de não estragar a placa neste ponto. O diâmetro do círculo formado não deverá exceder 0,5 cm.

Podem fazer-se várias aplicações, incluindo substâncias de referência, a intervalos convenientes (aproximadamente 1,5 cm), ao longo da base da placa. Coloca-se então a placa na tina, com a base imersa no solvente, recolocando-se a tampa imediatamente. Depois da eluição, quando a frente do solvente se encontrar perto do cimo, retira-se a placa, marca-se a frente do solvente com lápis ou marcador e seca-se no extractor de fumos, ou mesmo até com um simples secador de cabelo.

Se os compostos separados forem corados, podem medir-se directamente os seus valores de R_f. Se forem incolores, será necessário tratar a placa com vários reagentes (normalmente por meio de um atomizador) que, reagindo com as substâncias desconhecidas, dão pontos corados. Estes, além de permitirem a determinação dos valores de R_f, podem ainda, às vezes, contribuir para a sua identificação. Um destes reagentes, de utilização geral, é o ácido sulfúrico a 5% em etanol que, por aquecimento, dá pontos negros num fundo branco para a maior parte dos compostos orgânicos. No que diz respeito a reagentes para aplicações específicas, o aluno deverá consultar o assistente ou a extensa bibliografia que existe sobre este assunto.

Deve-se salientar que a CCF pode ser usada quantitativamente, medindo a quantidade da mistura aplicada à placa, retirando o ponto que nela se separou e obtendo o composto, geralmente através de extracção por solvente. O composto pode ser quantificado por qualquer método apropriado.

Para compostos que se separam facilmente utiliza-se, na maior parte dos casos, um método micro que envolve lâminas de microscópio (em vez de placas grandes) e pequenos recipientes de desenvolvimento, o que representa uma notável economia de escala.

CROMATOGAFIA LÍQUIDA DE ALTA EFICIÊNCIA (CLAE)

A cromatografia líquida de alta eficiência (HPLC em Inglês) é essencialmente uma extensão do método da CCF anteriormente descrito. Contudo, usam-se adsorventes especialmente fabricados, de grande eficiência, que se introduzem em colunas de aço inoxidável; a fase móvel é forçada através da coluna, normalmente sob pressão elevada, por meio de uma bomba especial e de um sistema de controlo de fluxo concebido para produzir um fluxo uniforme através da coluna. As substâncias separadas são conduzidas para um detector colocado à saída da coluna. A variedade de detectores para CLAE está continuamente a aumentar, embora os mais frequentemente usados sejam os *refractómetros diferenciais*, que detectam os compostos através da medição da diferença do índice de refracção da mistura solvente/composto e do solvente, e o *detector de ultravioletas,* que determina variações na aborção ultravioleta da fase móvel. As medições do índice de refracção permitem a detecção de até cerca de 1 ppm, enquanto a detecção por ultravioletas pode ir até aproximadamente 0,01 ppm. Devido à sua versatilidade o detector de ultravioletas é actualmente o mais largamente utilizado.

Quando o equipamento de CLAE estiver montado para uma experiência (isto será normalmente feito pelo assistente) poderão injectar-se as amostras, com uma seringa de microlitros especialmente concebida, numa entrada de injecção também especialmente desenhada. A separação da mistura é então normalmente apresentada num registador ou num monito, como uma série de picos que, mediante calibração adequada, pode ser usada quantitativamente. A análise qualitativa obtém-se normalmente por medição do tempo que demora a saída de um pico relativamente à sua injecção (tempo de retenção) e por comparação desse valor com os tempos de retenção de compostos conhecidos, determinados em condições idênticas.

Não se considerou apropriado descrever aqui, com pormenor, o pocesso de montagem das unidades comerciais de CLAE pelo facto de essa montagem depender, em grande medida, do instrumento utilizado de entre os muitos que actualmente existem.

A CLAE pode ser usada para separações preparativas, uma vez que nenhum dos dois detectores descritos é destrutivo. Contudo, se se pretender uma grande resolução, devem usar-se amostras muito pequenas ; estudos realizados nestas condições podem tornar-se aborrecidos, se bem que se encontrem disponíveis sistemas de injecção e recolha automatizados.

CROMATOGRAFIA GÁS-LÍQUIDO (CGL)

Em muitos aspectos a CGL e a CLAE são semelhantes, particularmente no que diz respeito à maneira como se manipulam as amostras e à apresentação dos dados de separação. Contudo, há algumas diferenças grandes que se devem notar. As colunas usadas em CGL são normalmente de dois tipos, empacotadas e capilares. As primeiras são geralmente de aço inoxidável ou de vidro e têm até 5 m de comprimento, aproximadamente. São empacotadas com um material de suporte inerte que apresenta uma grande relação entre a área superficial e a massa e que se recobre com um líquido não volátil (fase estacionária). Este deve ser inerte relativamente às substâncias a separar. As colunas capilares são tubos abertos, geralmente com 10-150 m de comprimento, com um diâmetro interno de aproximadamente 0,1 mm, recobrindo a fase estacionária a parede interna do tubo.

As colunas empacotadas, que normalmente se encontram nos laboratórios dos alunos, são geralmente usadas para separações de rotina, quando não for necessária a máxima eficiência das colunas capilares.

A fase móvel é um gás, geralmente o azoto, se bem que por vezes se use também o hélio ou o hidrogénio, o qual se força através da coluna sob pressão.

Ao contrário da CLAE, a coluna de CGL deve ser mantida a uma temperatura constante, dado que os tempos de retenção dependem, em larga medida, da temperatura. É por isso que a coluna se encontra dentro de um forno munido de um controlo de temperatura eficiente, o mesmo se passando com a porta de injecção onde a amostra é volatilizada antes da separação. A amostra (cerca de 1 μl) é injectada com uma seringa de microlitros através de um septo de borracha auto-vedante numa entrada de injecção. A amostra volatilizada é então arrastada pelo gás de transporte através da coluna, onde ocorre a separação dos componentes da mistura de acordo com as diferenças dos coeficientes de partição dos componentes individuais relativamente ao sistema de duas fases, líquido (estacionário) / gás (móvel).

Os componentes individuais são conduzidos para o detector e os dados são visualizados e interpretados como em CLAE. São numerosos os detectores utilizados em CGL, mas dois deles são usados mais frequentemente: o *catarómetro*, que mede variações da condutividade térmica do gás de transporte quando contém os componentes provenientes da separação, e o *detector de ionização de chama*, que queima a amostra numa mistura de ar/hidrogénio, com produção de iões. Estes são recolhidos numa sonda de elevada voltagem, dando origem a uma corrente que é uma medida do componente detectado. Consequentemente, a CGL pode ser usada tanto qualitativa como quantitativamente, como se descreve para a CLAE.

Hoje em dia não se usa normalmente a CGL como técnica preparativa, embora exista algum equipamento comercial para os casos que necessitem da utilização desta técnica.

Tal como para a CLAE, o aluno encontrará normalmente o equipamento de CGL pronto para utilização, devendo seguir rigorosamente as instruções de operação elaboradas pelo fabricante.

Note-se que as separações em CGL são normalmente limitadas a compostos que se podem volatilizar sem decomposição, embora haja material de elevada massa molecular (polimérico) que pode, muitas vezes, ser caracterizado decompondo-o deliberadamente em fragmentos de baixa massa molecular para obter um cromatograma característico. Esta técnica é conhecida por cromatografia gasosa pirolítica.

CROMATOGRAFIA PREPARATIVA EM COLUNA (CPC)

Depois de os componentes de uma mistura se terem separado por CCF ou por CLAE, é normalmente necessário aumentar a dimensão do processo a fim de se obter material suficiente para submeter a substância desconhecida a outros processos de caracterização, dado que os valores R_f e os dados de retenção nem sempre darão uma identificação inequívoca. Processos analíticos como as diferentes formas de espectroscopia necessitam geralmente de, pelo menos, alguns miligramas do material para se obterem resultados concretos, quantidade que, frequentemente, pode ser fornecida por cromatografia em coluna. Note-se que é preciso obter uma separação muito boa em CCF ou CLAE, dado que a passagem a uma escala maior resulta, geralmente, nalguma perda de resolução. Contudo, podem usar-se adsorventes e eluentes semelhantes, embora a dimensão das partículas em CPC seja, geralmente, maior do que a utilizada em CCF ou CLAE.

Modo de proceder para a cromatografia em coluna

As colunas empacotadas são normalmente preparadas num tubo de vidro munido de uma torneira de teflon na parte inferior para controlar o fluxo do fluido, de um filtro de vidro sinterizado imediatamente acima da torneira e de um adaptador Quickfit, na parte superior, ao qual se adapta um funil de separação. As dimensões da coluna dependem da natureza e da quantidade do material a separar, convindo analisar estes parâmetros com o assistente no laboratório. O tubo de vidro deve ser escrupulosamente limpo antes de usar, uma vez que vestígios de gordura podem provocar um fluxo irregular na coluna, levando a uma diminuição da resolução.

Uma vez estabelecidos os parâmetros adequados, trata-se o adsorvente com eluente suficiente para formar uma papa que se deve introduzir rapidamente na coluna, cuja torneira deve estar aberta. Depois de passados cerca de 5 segundos fecha-se a torneira e deixa-se assentar o adsorvente. Bater no tubo com uma vareta de plástico facilitará a remoção de bolhas da coluna, permitindo uma deposição uniforme do adsorvente.

Pode-se então deixar sair o solvente da coluna, não permitindo que o seu nível desça abaixo de 1-2 cm acima do enchimento, uma vez que *é essencial que o cimo do solvente nunca desça abaixo do nível superior do adsorvente*, pois isso permitiria a entrada de ar na coluna e destruiria a uniformidade do empacotamento. Fecha-se a torneira e coloca-se, cuidadosamente, em cima do adsorvente um tampão de algodão ou de lã de quartzo ou de vidro. A amostra, que deve ser dissolvida na quantidade mínima de solvente, adiciona-se à coluna, evitando o tampão qualquer alteração do material de empacotamento. Abre-se a torneira e deixa-se escorrer a amostra até quase à extremidade inferior do tampão, fechando então a torneira. Em seguida monta-se na coluna o reservatório com o solvente, geralmente um funil de separação Quickfit. Abrem-se então as torneiras do funil e da coluna; quando tudo estiver correctamente controlado, o nível do solvente na coluna permanecerá constante. Pode-se adicionar mais solvente ou outros solventes ao reservatório.

O solvente é recolhido à saída da coluna, geralmente em determinadas quantidades iguais, para exame posterior. Evaporam-se à secura num evaporador rotativo aquelas fracções que mostrem conter substâncias separadas e caracterizam-se os resíduos por métodos apropriados.

4

SEPARAÇÃO DE MISTURAS ORGÂNICAS

Uma mistura de compostos orgânicos pode encontrar-se na forma sólida ou líquida, ou pode ainda ser um sólido dissolvido ou suspenso num líquido. Se estiverem presentes um sólido e um líquido, não será, normalmente, de esperar que a sua separação se possa efectuar por filtração, dado que a fase líquida conterá, com grande grau de certeza, algum sólido dissolvido e os restos do componente líquido poderão ser difíceis de remover do sólido. Os métodos de separação de amostras puras dos componentes de uma mistura podem ser físicos ou químicos. O método físico consiste na destilação fraccionada, sendo apenas aplicável quando haja uma grande diferença entre os pontos de ebulição dos dois compostos e desde que não se forme um azeótropo. O método químico de separação de dois compostos depende das suas diferentes solubilidades em água, éter, ácido diluido ou base.

Os processos que se descrevem a seguir devem ser executados de acordo com a ordem indicada, sendo geralmente adequados para a maioria das misturas.

1. Se a mistura for um líquido, deverá ser colocada num pequeno balão munido de cabeça de destilação, termómetro e condensador. Aqueça o balão cuidadosamente; observe se destila um líquido e, em caso afirmativo, registe a temperatura ; continue a destilação até que a temperatura na cabeça baixe, o que indica que todo o líquido destilou àquela temperatura. O componente da mistura de menor ponto de ebulição encontrar-se-á então no balão receptor.

2. Se a mistura for um líquido que não se possa separar de acordo com o parágrafo 1, ou se se tratar de um sólido, verifique a sua solubilidade em éter. A maior parte dos compostos orgânicos é solúvel, mas os seguintes compostos encontram-se entre os que têm pequena solubilidade: carbo-
-hidratos, aminoácidos, ácidos sulfónicos, sais de amónio, sais metálicos de ácidos carboxílicos e de ácidos sulfónicos, alguns ácidos polipróticos aromáticos, algumas amidas e ureias e compostos poli-
-hidroxilados.

Misturas líquidas: passe ao ensaio (b) a seguir.

Misturas sólidas: se a mistura se dissolver completamente, passe ao ensaio (b) a seguir. Se uma parte permanecer insolúvel, siga o modo de proceder que se descreve em (a). Se ambos os componentes forem insolúveis, use a sequência de ensaios dada no parágrafo 5 a seguir.

(a) Filtre o sólido não dissolvido e guarde o filtrado etéreo (A). Seque o sólido obtido ao ar ou aquecendo um pouco. Se de início a mistura não se dissolver completamente em éter, tome o filtrado (A) e evapore o éter num banho de água quente. Se obtiver um resíduo (sólido ou líquido) é sinal de que se conseguiu uma separação por causa da solubilidade em éter de um dos componentes da mistura.

(b) Se toda a mistura se dissolver em éter, coloque a solução num funil de separação. Extraia com uma solução de hidróxido de sódio a 10%, separe o extracto básico da camada de éter (B), coloque-
-o num balão pequeno e acidifique com uma solução de ácido clorídrico a 10%. O aparecimento de um sólido, de um óleo ou de uma turvação pode indicar a presença de um ácido carboxílico ou de um composto fenólico.

Extraia a camada etérea B com uma solução de ácido clorídrico a 10%. Separe a camada acídica (guarde a solução etérea (C)) e alcalinize-a com hidróxido de sódio diluido. Se se separar um óleo ou um sólido, extraia-o duas vezes com éter. Seque o extracto com sulfato de sódio anidro, deixe repousar num frasco rolhado durante dez minutos, filtre e evapore o éter num banho de água quente; o resíduo, se se obtiver, é o componente básico.

A camada etérea (C) contém um componente básico se ele estiver presente na mistura original; deve-se secar com sulfato de sódio, filtrar e destilar o solvente. As classes mais comuns de compostos neutros são: hidrocarbonetos, éteres, haletos, álcoois, aldeídos, cetonas, amidas, nitrilos, ésteres, anidridos não reactivos e compostos nitro.

Na ausência de componentes básicos e neutros, um ácido carboxílico e um fenol podem separar-se da seguinte maneira : à mistura adicione excesso de bicarbonato de sódio sólido, em pequenas quantidades, com agitação constante, até que a solução deixe de ser ácida ao tornesol. Extraia a solução com éter; a camada etérea conterá um composto fenólico (se estiver presente) e a camada aquosa conterá um ácido carboxílico.* Acidifique esta solução aquosa com ácido clorídrico diluido. Poderá separar-se um ácido carboxílico sólido que deverá ser filtrado e seco. Se estivermos perante um ácido líquido, deve-se adicionar algum cloreto de cálcio sólido, com agitação constante, até saturar a água quase completamente. Extrai-se então o ácido com éter e separa-se da maneira habitual.

3. O procedimento descrito no parágrafo 2 acima não permite separar dois compostos neutros. Se nada se conseguir extrair da solução etérea com ácido ou base diluidos, deverá suspeitar-se da presença de dois compostos neutros. Se um deles for um composto de carbonilo que forme um composto de adição bissulfítica, poderá ser retirado sob esta forma. Prepare uma solução de metabissulfito de sódio a 40% em água e adicione-lhe um quinto do seu volume de etanol. Se precipitar algum sal, filtre a solução e adicione a mistura (4 g) ao filtrado (12 cm^3). Agite bem e deixe arrefecer. Filtre o composto cristalino que se forma (guarde o filtrado (D)) e decomponha-o por destilação cuidadosa com excesso de solução de carbonato de sódio. O composto de carbonilo, se for volátil, encontrar-se-á no destilado; caso contrário, terá de ser extraido com éter da mistura que está no balão de destilação e isolado da maneira habitual. O outro composto neutro estará no filtrado D, podendo-se separar por prévia remoção de algum etanol que possa ainda restar e posterior extracção com éter.

4. Alguns compostos que são muito solúveis em água e em éter podem causar problemas na separação da mistura. Por exemplo, o 1,3-di-hidroxibenzeno misturado com uma amina ou com um composto de carbonilo não se separa facilmente pelo processo descrito no parágrafo 2. O 1,3-di-hidroxibenzeno é tão solúvel em água como em éter e, se bem que possa ser extraído do éter com algumas porções de solução de hidróxido de sódio diluído, a acidificação deste extracto não terá como resultado a separação do composto devido à sua solubilidade em água. Uma mistura de amina e resorcinol pode ser separada da seguinte maneira.

Dissolva a mistura num excesso de ácido clorídrico diluído, verificando com papel de tornesol. Coloque a solução num funil de separação e extraia com três porções de éter, cada uma de volume igual a metade do volume da mistura. Guarde a solução acídica (E). Seque o extracto etéreo com sulfato de sódio anidro, filtre e destile o solvente. Deve pesquisar o grupo fenólico no resíduo. Alcalinize a solução E com hidróxido de sódio e extraia com éter. Seque o extracto e destile o solvente. Um resíduo indica a presença de uma amina.

A melhor maneira de separar um fenol solúvel ou um poli-hidroxifenol solúvel de um composto carbonílico consiste em converter este último no composto de adição bissulfítica (veja o parágrafo 3) ou na semicarbazona e regenerá-lo por aquecimento, num balão de destilação, com duas vezes o seu peso de ácido oxálico e dez vezes o seu peso de água. O composto de carbonilo, se tiver um ponto de ebulição baixo, pode ser destilado e recebido num balão ou, se tiver elevado ponto de ebulição, pode ser extraído, com éter, do resíduo no balão de destilação e caracterizado da maneira habitual.

---

*Alguns fenóis que contêm grupos nitro e halogénios são suficientemente acídicos para libertarem dióxido de carbono do bicarbonato de sódio. Por isso um composto aromático que contenha azoto ou halogénio e que se comporte como ácido carboxílico nesta separação deverá ser ensaiado no que concerne às suas propriedades fenólicas.

5. Os modos de proceder descritos acima não são eficientes se ambos os componentes forem insolúveis em éter. Em tais casos as seguintes sugestões deverão ser úteis:

(a) Verifique se um dos componentes da mistura é solúvel em água. Se assim for, filtre o composto insolúvel e evapore o filtrado à secura numa chama de Bunsen pequena. O sobre-aquecimento pode causar decomposição ou a formação de carvão. Se estiver presente um carbo-hidrato, é normal que se forme um xarope, o que pode dificultar a cristalização, mas os ensaios podem ser feitos com o xarope de maneira a determinar a sua natureza.

(b) Se ambos os componentes forem insolúveis em água, ou se ambos forem solúveis, repita 5(a) mas com metanol.

(c) Se os ensaios acima descritos não conduzirem a uma separação, deve-se suspeitar da presença de dois dos seguintes compostos: álcool poliprótico, carbo-hidrato, sal metálico de um ácido carboxílico ou um sal de uma base orgânica. Dissolva a mistura em ácido clorídrico a 10% e, se se formar um precipitado, filtre-o, lave com água e seque cuidadosamente. Este pode ser um ácido livre, provavelmente aromático. A formação de um óleo é indicativo da presença de um ácido alifático superior. A camada aquosa pode conter um poliol solúvel ou um carbo-hidrato.

Se não se obtiver nem sólido nem óleo, extraia a solução várias vezes com éter e evapore o extracto num banho de água. Havendo resíduo pode ser um ácido alifático inferior. Se nada for extraído pelo éter, alcalinize a solução com hidróxido de sódio a 10%; se o sal de uma base orgânica estiver presente, esta acção levará à formação da base livre, que deve ser extraída com éter e separada da maneira habitual. A camada aquosa pode conter um poliol ou um carbo-hidrato juntamente com cloreto ou sulfato de sódio. Os iões inorgânicos podem ser retirados, fazendo passar a solução através de um leito misto de resinas de permuta iónica; a solução aquosa emergente contém o poliol ou o carbo-hidrato.

5
PREPARAÇÃO DE DERIVADOS

A identidade de um composto orgânico pode ser confirmada através da sua conversão num derivado cristalino que tenha um ponto de fusão característico. O derivado deve, preferivelmente, ter um ponto de fusão não inferior a 100^0, uma vez que tais compostos são, geralmente, mais facilmente cristalizáveis e secos.

Purificação de derivados

Ao preparar um derivado é necessário que o produto seja obtido numa forma pura, o que nos assegura um ponto de fusão exacto. O processo de recristalização é como se segue: dissolve--se a matéria impura no mínimo de solvente quente, filtra-se, se for necessário, sem sucção, e deixa-se arrefecer lentamente a solução obtida. Coloca-se o produto cristalino num funil de Buchner, lava--se com um pequeno volume de solvente gelado, seca-se completamente e determina-se o seu ponto de fusão. Este procedimento deve ser repetido até não se observar qualquer aumento do ponto de fusão.

Se a matéria original estiver contaminada com substâncias coradas, é normalmente vantajoso adicionar um pouco de carvão activado à solução e fervê-la depois, cuidadosamente, até cinco minutos. Filtra-se a solução quente sob um ligeiro vácuo e deixa-se o filtrado arrefecer lentamente.

Na purificação de derivados a escolha de um solvente apropriado para a recristalização é de importância considerável. Idealmente o composto deverá ter uma grande solubilidade no solvente quente e uma pequena solubilidade no solvente frio. Se dois ou mais solventes esti-verem nestas condições, deve-se escolher aquele que tenha menor ponto de ebulição a fim de facilitar a sua remoção do produto sólido. Por vezes é impossível encontrar um solvente satisfatório, casos em que a técnica de solventes misturados é, muitas vezes, valiosa. Dissolve-se o derivado num ligeiro excesso de solvente quente e adiciona-se cuidadosamente, com agitação e aquecimento, um segundo solvente que seja miscível com o primeiro, mas no qual o derivado seja insolúvel, até que uma ligeira turvação se torne persistente. Esta deverá desaparecer com uma fervura, deixando-se depois a solução arrefecer lentamente.

Indicam-se a seguir os dados experimentais para preparar os derivados referidos no Capítulo 6 para as diferentes classes de compostos orgânicos.

ACETAIS

(a) Hidrólise a aldeído e álcool

$$RCH(OAlq)_2 \xrightarrow{\text{ácido aq.}} RCHO + 2\,AlqOH$$

$$AlqOH + CS_2 + NaOH \longrightarrow AlqOCS_2^-\,Na^+$$

Trate o acetal (0,5 g) com ácido clorídrico 1 M (5cm^3) aquecendo em refluxo durante 30 minutos. Se a solução resultante for homogénea, divida-a em duas porções iguais e caracterize o aldeído como 2,4-dinitrofenilhidrazona (veja *Aldeídos*, p.44) e o álcool como alquilxantato de potássio da seguinte maneira. A uma porção do produto da hidrólise adicione hidróxido de potássio sólido (7 g) e arrefeça a 40°. Transfira para um funil de separação e adicione dissulfeto de carbono (3 cm^3) (INFLAMÁVEL) e propanona (acetona) (3 cm^3). Misture cuidadosamente e agite depois, vigorosamente, durante 15 minutos. Deixe assentar, deite fora a camada inferior e filtre a restante solução através de lã de vidro. Precipite o xantato com éter e recristalize de etanol. Se se separarem duas camadas, elas deverão ser tratadas individualmente como se descreve acima.

ÁLCOOIS

(a) Etanoato (acetato)

$$AlqOH + (CH_3\text{-}CO)_2O \longrightarrow AlqO\text{-}CO\text{-}CH_3 + CH_3\text{-}CO_2H$$

Ao composto (0,5 g) adicione etanoato (acetato) de sódio anidro (0,5 g) e anidrido etanóico (acético) (3 cm^3). Aqueça em refluxo durante 20 minutos e deite em água (25 cm^3). Agite até obter um sólido, filtre-o e lave bem com água. Recristalize de etanol.

(b) Benzoato e 4-toluenossulfonato (método de Schotten-Baumann)

$$AlqOH + C_6H_5\text{-}COCl \longrightarrow AlqO\text{-}CO\text{-}C_6H_5 + HCl$$

$$AlqOH + 4\text{-}CH_3\text{-}C_6H_4\text{-}SO_2Cl \longrightarrow AlqO\text{-}SO_2\text{-}C_6H_4\text{-}4\text{-}CH_3 + HCl$$

Trate o composto (0,5 g) com hidróxido de sódio 2 M (10 cm^3) e adicione cloreto de benzoílo (1 cm^3) ou cloreto de 4- toluenossulfonilo (1 g). Neste último caso adicione apenas a propanona (acetona) suficiente para tornar a mistura homogénea. Agite vigorosamente num tubo rolhado até obter um sólido. Se tiver usado propanona, pode ser necessário juntar água para precipitar o produto. Filtre-o, lave bem com água e recristalize de etanol.

(c) Benzoato e 4-toluenossulfonato (procedimento alternativo); 4-nitrobenzoato e 3,5-dinitrobenzoato

$$AlqOH + ArCOCl \longrightarrow AlqO\text{-}COAr + HCl$$

onde Ar = C$_6$H$_5$-, 4-CH$_3$-C$_6$H$_4$SO$_2$-, 4-NO$_2$-C$_6$H$_4$- ou 3,5-(NO$_2$)$_2$-C$_6$H$_3$-

Dissolva o composto (0,5 g) em piridina seca (5 cm^3) e adicione cloreto de 4-nitrobenzoílo (1 g) ou cloreto de 3,5-dinitrobenzoílo (1,3 g). Aqueça em refluxo durante 30 minutos e deite em ácido clorídrico 2 M (40 cm^3). Separe o sólido (por vezes forma-se um óleo) e agite com solução de carbonato de sódio 1 M (10 cm^3). Filtre o sólido obtido e recristalize de etanol, etanol aquoso ou éter de petróleo (60-80°).

(d) Hidrogeno-3-nitroftalato de alquilo

AlqOH + [anidrido 3-nitroftálico] ⟶ AlqO·OC-C$_6$H$_3$(NO$_2$)-CO$_2$H

Aqueça uma mistura formada pelo composto (0,5 g) e por anidrido 3-nitroftálico (0,5 g) até obter um líquido. Continue o aquecimento durante mais 15 minutos, arrefeça e recristalize o sólido obtido de água ou de etanol aquoso. Se o álcool original tiver um ponto de ebulição superior a 150⁰, é aconselhável dissolver a mistura em tolueno (2-5 cm³) e aquecer em refluxo até 30 minutos. Se, ao arrefecer, não se obtiver um produto sólido, precipite o produto · por adição de éter de petróleo (60-80⁰).

(e) Oxidação de álcoois primários * a ácidos carboxílicos

$$RCH_2\text{-}OH \xrightarrow{[O]} RCO_2H$$

Trate o composto (1 g) com uma mistura oxidante de ácido crómico (10 cm³) que consiste numa solução a 50% de dicromato de sódio em ácido sulfúrico 6 M. Aqueça em refluxo até que a cor mude de vermelho para verde e adicione mais mistura oxidante. Continue este procedimento até não se observar alteração da cor vermelha. Arrefeça a solução, filtre o produto resultante e lave bem com ácido sulfúrico 1 M e, depois, com água. Dissolva o produto em solução de carbo-nato de sódio, filtre e acidifique com ácido sulfúrico 1 M. Filtre o sólido, lave bem com água e recristalize de água ou etanol.

ALDEÍDOS

(a) 2,4-Dinitrofenil-hidrazona

$$RCHO + 2,4\text{-}(NO_2)_2C_6H_3\text{-}NH\text{-}NH_2 \longrightarrow RCH\text{:}N\text{-}NH\text{-}C_6H_3\text{-}2,4\text{-}(NO_2)_2 + H_2O$$

Ao composto (0,5 g), dissolvido em etanol (0,5 cm³), adicione uma solução (2 cm³) de 2,4-dinitrofenil-hidrazina (veja a seguir) e ferva durante 2 minutos. Filtre o precipitado resultante, lave com um pouco de etanol frio e recristalize de etanol, ácido etanóico (acético), etanoato (acetato) de etilo ou triclorometano (clorofórmio).

Preparação do reagente

(i) Prepare uma solução saturada quer em ácido clorídrico 5 M quer em ácido sulfúrico 3M.
(ii) Dissolva a 2,4-dinitrofenil-hidrazina (2 g) em metanol (30 cm³) e água (10 cm³). Adicione ácido sulfúrico concentrado (4 cm³) cuidadosamente, com agitação. Arrefeça e filtre, se necessário.
(iii) Dissolva a 2,4-dinitrofenil-hidrazina numa solução de ácido fosfórico a 85% (60 cm³) em etanol (40 cm³), aquecendo suavemente, se necessário.

(b) Semicarbazona

$$RCHO + H_2N\text{-}NH\text{-}CO\text{-}NH_2 \longrightarrow RCH\text{:}N\text{-}NH\text{-}CO\text{-}NH_2 + H_2O$$

A uma solução do composto (0,5 g) em água (2 cm³) adicione etanoato (acetato) de sódio hidratado (0,75 g) e cloreto de semicarbazida (0,5 g). Adicione etanol gota a gota se a solução não estiver completamente límpida, mas deve-se ter cuidado em adicionar a quantidade mínima de etanol porque, de outro modo, pode precipitar cloreto de sódio. Aqueça, por um período que pode ir até 10 minutos, num banho de água a ferver, arrefeça e filtre. Recristalize o produto de etanol, água, benzeno ou ácido etanóico (acético).

(c) Oxima

$$RCHO + H_2N\text{-}OH \longrightarrow RCH\text{:}N\text{-}OH + H_2O$$

Dissolva cloreto de hidroxilamina (0,5 g) em água (3 cm³) e adicione etanoato (acetato) de sódio hidratado (0,5 g) seguido do aldeído (0,5 g). Aqueça num banho de água à ebulição e adicione

*Este método pode ser usado para oxidar outros compostos, p.ex. alquilbenzenos: $ArAlq \xrightarrow{[O]} ArCO_2H$

etanol gota a gota, se necessário, para limpar a solução. Continue o aquecimento durante 1-2 horas e deixe arrefecer. Filtre o sólido e recristalize de etanol.

(d) 4-Nitrofenil-hidrazona (e fenil-hidrazona)

$$RCHO + 4\text{-}NO_2\text{-}C_6H_4\text{-}NH\text{-}NH_2 \longrightarrow RCH:N\text{-}NH\text{-}C_6H_4\text{-}4\text{-}NO_2 + H_2O$$

Prepare uma solução de 4-nitrofenil-hidrazina (0,5 g) em etanol (15 cm^3) e ácido etanóico (acético) (0,5 cm^3) e adicione-lhe o composto orgânico (0,5 g). Aqueça em refluxo durante 10 minutos, arrefeça e recristalize o produto sólido de etanol. Por vezes não se obtém sólido por arrefecimento. Nestes casos a solução deve ser reaquecida e adicionar-lhe água até aparecer uma ligeira turvação. Recristalize o produto usando esta técnica (solventes misturados). Para a preparação de fenil-hidrazonas substitua a 4-nitrofenil-hidrazina por fenil-hidrazina (0,5 g).

(e) Dimetona

Trate o aldeído (0,5 g) com uma solução a 5% de 5,5-dimetilciclo-hexano-1,3-diona (dimedona) em 10 cm^3 de etanol aquoso (50:50). Se não se formar um precipitado dentro de 2 minutos, aqueça a solução durante 5 minutos, arrefeça em gelo e filtre o produto. Recristalize de etanol aquoso ou de etanol.

AMIDAS, IMIDAS, UREIAS E GUANIDINAS

(a) Derivados de xantilo

Ao composto orgânico (0,5 g) adicione uma solução a 7% de xantidrol em ácido etanóico (acético) (7 cm^3) e aqueça em refluxo durante 30 minutos. Adicione água (5 cm^3) e deixe arrefecer. Filtre o produto sólido e recristalize de dioxano aquoso ou de ácido etanóico.

(b) Derivado difenilmetilo

$$RSO_2NH_2 + Ph_2CHOH \longrightarrow RSO_2NHCHPh_2 + H_2O$$

Prepare uma mistura da amostra (0,5 g) com difenilmetanol (0,5 g), ácido 4-toluenossulfónico (0,5 g) e ácido acético (5 cm^3) e aqueça em refluxo durante 30 minutos. Verta a mistura em água (cerca de 50 cm^3) e recolha o sólido precipitado. Este pode ser recristalizado, se for necessário, de etanol ou tolueno.

(c) Hidrólise a ácido carboxílico

$$RCO\text{-}NH_2 + NaOH \longrightarrow RCO_2Na + NH_3 \xrightarrow{\text{ácido aq.}} RCO_2H$$

$$R\begin{array}{c}CO\\CO\end{array}NH + 2\,NaOH \longrightarrow R\begin{array}{c}CO_2Na\\CO_2Na\end{array} + NH_3 \xrightarrow{\text{ácido aq.}} R(CO_2H)_2$$

Aqueça o composto orgânico (0,5 g) em refluxo com um excesso de solução de hidróxido de sódio 6 M até que não seja detectável a libertação de amoníaco. Acidifique a solução resultante com ácido clorídrico concentrado e filtre o produto sólido que se obtém. Lave bem com água e recristalize de água, etanol aquoso ou etanol.

AMIDAS, N-SUBSTITUIDAS

(a) Hidrólise a ácido carboxílico e amina

$$RCO-NHR' \xrightarrow{\text{ácido aq.}} RCO_2H + R'NH_2$$

Trate o composto orgânico (1 g) com ácido sulfúrico 12 M (4 cm^3) e aqueça em refluxo durante 30 minutos. Arrefeça, alcalinize com solução de hidróxido de sódio e extraia a base libertada com éter. Obtenha a base livre do extracto etéreo por evaporação do éter num banho de água a ferver e faça a caracterização de acordo com o que se descreve em *Aminas Primárias e Secundárias* (adiante). Acidifique a restante solução aquosa com ácido clorídrico e filtre qualquer sólido que se produza. Recristalize de água, etanol aquoso ou etanol para obter o ácido carboxílico puro, caracterizando-o de acordo com o que se descreve em *Ácidos Carboxílicos* (p.49). Se não se separar sólido, sature a solução com cloreto de sódio e extraia com éter. Evapore o éter e caracterize o resíduo de acordo com o que se descreve em *Ácidos Carboxílicos* (p.49).

AMINAS PRIMÁRIAS E SECUNDÁRIAS

(a) Derivados de etanoílo (acetilo)

$$RNH_2 + (CH_3-CO)_2O \longrightarrow RNH-CO-CH_3 + CH_3-CO_2H$$

$$RR'NH + (CH_3-CO)_2O \longrightarrow RR'N-CO-CH_3 + CH_3-CO_2H$$

Faça uma suspensão da amina (0,5 g) em água (0,5 cm^3) e adicione uma mistura de 0,5 cm^3 de ácido etanóico (acético) e 0,5 cm^3 de anidrido etanóico (acético). Aqueça com suavidade se a reacção não se der imediatamente. Arrefeça e filtre qualquer sólido que se separe. Se não se obtiver sólido, neutralize a solução com uma solução saturada de carbonato de sódio. Filtre o sólido que se obtém. Em qualquer dos casos recristalize o produto de água ou de etanol aquoso. Para etanoilar (acetilar) aminas fracamente básicas substitua a água por algumas gotas de ácido sulfúrico concentrado e aqueça em refluxo durante 20 minutos.

(b) Derivados de benzoílo, benzenossulfonilo e 4-toluenossulfonilo

$$RNH_2 + C_6H_5-COCl \longrightarrow RNH-CO-C_6H_5 + HCl$$

$$RR'NH + C_6H_5-COCl \longrightarrow RR'N-CO-C_6H_5 + HCl$$

$$RNH_2 + ArSO_2Cl \longrightarrow RNH-SO_2Ar + HCl$$

$$RR'NH + ArSO_2Cl \longrightarrow RR'N-SO_2Ar + HCl$$

onde Ar = C_6H_5-, 4-$CH_3C_6H_4$-.

Prepare como se descreve em *Álcoois* (p.43).

(c) **Derivados de 2,4-dinitrofenilo**

$$RNH_2 + 2,4\text{-}(NO_2)_2C_6H_3Cl \longrightarrow 2,4\text{-}(NO_2)_2C_6H_3\text{-}NHR + HCl$$

$$RR'NH + 2,4\text{-}(NO_2)_2C_6H_3Cl \longrightarrow 2,4\text{-}(NO_2)_2C_6H_3\text{-}NRR' + HCl$$

Trate a amina (0,5 g) com uma quantidade equimolar de 1-cloro-2,4-dinitrobenzeno (CUIDADO: irritante da pele) e etanoato (acetato) de sódio anidro (1 g); aqueça num banho de água a ferver até 30 minutos. Arrefeça e junte etanol frio (3-4 cm^3). Filtre o sólido obtido e recristalize de etanol.

(d) **Picrato**

$$RR'R''N + 2,4,6\text{-}(NO_2)_3C_6H_2\text{-}OH \longrightarrow [RR'R''NH]^+[2,4,6\text{-}(NO_2)_3C_6H_2O]^-$$

onde R' e/ou R" podem ser hidrogénios.

Dissolva o composto (0,5 g) em etanol (2 cm^3) e trate com uma solução etanólica saturada de ácido pícrico (3 cm^3). Aqueça suavemente durante 1 minuto e deixe arrefecer. Recristalize o produto de etanol.

AMINAS TERCIÁRIAS

(a) **Iodeto de metilo**

$$RR'R''N + CH_3I \longrightarrow [RR'R''N\text{-}CH_3]^+[I]^-$$

Adicione iodeto de metilo (0,5 cm^3) à amina seca (0,5 g) à temperatura ambiente e deixe repousar durante 5 minutos. Aqueça em refluxo num banho de água a ferver durante mais 5 minutos e arrefeça depois em gelo. Filtre o produto sólido (raspe com uma vareta de vidro se não obtiver sólido) e recristalize de etanol ou propanona (acetona).

(b) **Picrato**

$$RR'R''N + 2,4,6\text{-}(NO_2)_3C_6H_2\text{-}OH \longrightarrow [RR'R''NH]^+[2,4,6\text{-}(NO_2)_3C_6H_2O]^-$$

Prepare como se descreve em *Aminas Primárias e Secundárias* (acima).

(c) **Derivado 4-nitroso (para as dialquilaminas terciárias com a posição 4 do grupo arilo vaga)**

$$R_2N\text{-}C_6H_5 + HONO \longrightarrow 4\text{-}R_2N\text{-}C_6H_4\text{-}NO + H_2O$$

Dissolva a amina (0,5 cm^3) em ácido clorídrico 2 M (4 cm^3) e arrefeça, em gelo, a 5^0. Adicione, gota a gota, solução a 20% de nitrito de sódio (2 cm^3) e deixe repousar no frio durante 5 minutos. Alcalinize a solução com hidróxido de sódio 2 M e extraia com triclorometano (clorofórmio). Seque o extracto com sulfato de sódio anidro e precipite o derivado por adição de tetracloreto de carbono. Filtre o produto e recristalize de éter (INFLAMÁVEL).

(d) **Sal de 4-toluenossulfonato de metilo**

$$RR'R''N + 4\text{-}CH_3\text{-}C_6H_4\text{-}SO_2\text{-}O\text{-}CH_3 \longrightarrow [RR'R''N\text{-}CH_3]^+[4\text{-}CH_3\text{-}C_6H_4\text{-}SO_2\text{-}O]^-$$

À amina (0,2 cm^3) junte 4-toluenossulfonato de metilo (0,3 g) e benzeno (1 cm^3) ou éter dietílico (1 cm^3). Aqueça em refluxo num banho de água durante 20 minutos e arrefeça. Decante o éter (os cristais devem permanecer) e junte metanol (1 cm^3) e etanoato (acetato) de etilo (5 cm^3) para a recristalização.

AMINOÁCIDOS

(a) Derivados de benzoílo, 3,5-dinitrobenzoílo e 4-toluenossulfonilo

$$\begin{array}{c} CO_2H \\ | \\ RNH_2 \end{array} + ArCOCl \longrightarrow \begin{array}{c} CO_2H \\ | \\ R\text{-}NH\text{-}COAr \end{array} + HCl$$

onde Ar = C_6H_5- ou 3,5-$(NO_2)_2C_6H_3$- .

$$\begin{array}{c} CO_2H \\ | \\ RNH_2 \end{array} + 4\text{-}CH_3\text{-}C_6H_4\text{-}SO_2Cl \longrightarrow \begin{array}{c} CO_2H \\ | \\ R\text{-}NH\text{-}SO_2\text{-}C_6H_4\text{-}4\text{-}CH_3 \end{array}$$

Prepare como se descreve em *Aminas Primárias e Secundárias* (usando cloreto de 3,5-dinitrobenzoílo (1 g) para preparar o derivado de 3,5-dinitrobenzoílo). Em qualquer dos casos acidifique a solução com ácido clorídrico 2 M quando a reacção se completar. Filtre o sólido obtido e recristalize de água, etanol aquoso ou etanol.

(b) Picrato

$$\begin{array}{c} CO_2H \\ | \\ R\text{-}NH_2 \end{array} + 2,4,6\text{-}(NO_2)_3C_6H_2\text{-}OH \longrightarrow \left[\begin{array}{c} CO_2H \\ | \\ R\text{-}NH_3 \end{array}\right]^+ [2,4,6\text{-}(NO_2)_3C_6H_2O]^-$$

Prepare como se descreve em *Aminas Primárias e Secundárias* (p.46).

(c) Derivado de etanoílo (acetilo)

$$\begin{array}{c} CO_2H \\ | \\ R\text{-}NH_2 \end{array} + (CH_3\text{-}CO)_2O \longrightarrow \begin{array}{c} CO_2H \\ | \\ R\text{-}NH\text{-}CO\text{-}CH_3 \end{array} + CH_3CO_2H$$

Prepare como se descreve em *Aminas Primárias e Secundárias* (p.46).

CARBO-HIDRATOS

(a) ß-Etanoato (ß-acetato), p.ex., de D-glicose

[Estrutura da D-glicose com grupos HO] + 10 Ac_2O ⟶ [Estrutura com grupos AcO] + 5 AcOH

Ac = CH_3-CO -

Trate o carbo-hidrato (0,5 g) com etanoato (acetato) de sódio anidro (0,5 g) e 3 cm³ de anidrido etanóico (acético). Aqueça num banho de água a ferver durante 90 minutos e deite o produto em água (25 cm³). Filtre o sólido obtido depois de agitar, lave bem com água e recrista-lize de etanol. Se se obtiver um óleo, decante a água e induza a cristalização raspando com uma vareta de vidro.

(b) Benzoato (apenas de glicose e frutose), p.ex., de D-glicose

$$\text{glicose} + 5\ BzCl \longrightarrow \text{glicose-Bz}_5 + 5\ HCl$$

Bz = C_6H_5-CO -

Prepare como se descreve em *Álcoois* (p.43).

(c) Ácido 4-N-glicosilaminobenzóico, p.ex., de D-glicose

$$\text{D-glicose} + \text{H}_2\text{N-C}_6\text{H}_4\text{-CO}_2\text{H} \longrightarrow \text{produto} + H_2O$$

Misture o carbo-hidrato (1 g) com água (não mais de 0,5 cm³) e aqueça num banho de água a ferver. Quando a maior parte do carbo-hidrato se tiver dissolvido adicione ácido 4-aminobenzóico (1 g) em três porções. Continue o aquecimento por um período que não exceda os 2 minutos. Retire a mistura de reacção do banho de água quente e adicione metanol (4 cm³). Arrefeça em gelo, se necessário, e filtre o sólido. Lave com um pequeno volume de metanol frio e seque à temperatura ambiente, ao ar ou no vácuo. Se desejar, pode recristalizar o produto de etanol. A melhor maneira de determinar o ponto de fusão do derivado é introduzir a amostra no aparelho previamente aquecido a 120°, ou a 170° se uma determinação aproximada do ponto de fusão indicar que o composto funde acima de 180°.

(d) Osazona

$$\begin{array}{l}\text{CHO}\\|\\\text{CH-OH}\\|\\\text{R}\end{array} + 2\ C_6H_5\text{-NH-NH}_2 \longrightarrow \begin{array}{l}\text{CH=N-NH-}C_6H_5\\|\\\text{C=N-NH-}C_6H_5\\|\\\text{R}\end{array} + 2\ H_2O$$

Dissolva o carbo-hidrato (1 g) em água (5 cm³) e junte fenil-hidrazina (1 cm³) e 1 cm³ de ácido etanóico (acético). Aqueça a mistura num banho de água a ferver durante 30 minutos e deixe arrefecer. Filtre o produto, lave bem com água fria e recristalize de etanol.

ÁCIDOS CARBOXÍLICOS

(a) Amida, anilida e 4-toluidida

Tentativas de converter hidroxi- ou aminoácidos em amidas por meio do cloreto de acilo podem resultar na formação de produtos indesejáveis. Isto pode ser evitado usando a diciclo-hexilcarbodiimida (DCC) como em (ii) a seguir.

(i) $RCO_2H + SOCl_2 \longrightarrow RCOCl$
- $\xrightarrow{NH_3}$ $RCO-NH_2$
- $\xrightarrow{C_6H_5-NH_2}$ $RCO-NH-C_6H_5$
- $\xrightarrow{4-CH_3-C_6H_4-NH_2}$ $RCO-NH-C_6H_4-4-CH_3$

Deve evitar-se o acesso de humidade até que a base tenha sido adicionada.

Ao ácido (1 g) adicione cloreto de tionilo (2 cm^3) e dimetilmetanamida (dimetilformamida), (2 gotas) e aqueça em refluxo num banho de água a ferver até não haver mais reacção (cerca de 30 minutos). Destile o excesso de cloreto de tionilo e junte o resíduo, sob agitação, a um excesso de amoníaco (0,880, 10 cm^3) ou de anilina (1 cm^3) ou 4-toluidina (1 g) em éter seco (10 cm^3). Filtre o produto sólido e recristalize de água, etanol aquoso ou etanol.

(ii)

$RCO_2H + R'NH_2 + C_6H_{11}N=C=NC_6H_{11} \longrightarrow RCONHR' + C_6H_{11}NH-CO-NH-C_6H_{11}$

Adicione DCC (0,8 g) a uma mistura do ácido carboxílico (0,8 g) e anilina (1 cm^3) ou 4-toluidina (1 g) em triclorometano (clorofórmio) ou tetra-hidrofurano (20 cm^3). Agite ou misture bem e mantenha a mistura a 40-50^0 durante 5 minutos. Deixe arrefecer e repousar durante 30 minutos. Filtre o sólido, que é uma mistura de amida substituida e diciclo-hexilureia. Extraia a ureia aquecendo com etanol (30 cm^3) durante cerca de 5 minutos. O resíduo pode-se secar ou recristalizar de água, etanol aquoso ou metanol.

(b) Éster de 4-bromofenacilo e éster de 4-fenilfenacilo

$RCO_2H + ArCO-CH_2Br \longrightarrow RCO-O-CH_2-COAr + HBr$

onde Ar = 4-BrC$_6$H$_4$- ou 4-C$_6$H$_5$-C$_6$H$_4$-

Prepare uma solução do ácido (1 g) numa quantidade equivalente de solução de hidróxido de sódio, acidifique ligeiramente ao tornesol com algumas gotas de ácido clorídrico 2 M e adicione o brometo de fenacilo (1 g) (CUIDADO: estes brometos são irritantes dos olhos e da pele) em solução etanólica. Aqueça à fervura, adicionando mais etanol se a solubilização não for completa. Continue aquecendo em refluxo durante 1, 2 ou 3 horas conforme se tratar de um ácido mono-, di- ou triprótico. Arrefeça e filtre o produto. Recristalize de etanol, etanol aquoso ou éter de petróleo (60-80^0).

ENÓIS

Semicarbazona e 2,4-dinitrofenil-hidrazona

$$RC:CHR' \rightleftharpoons \underset{\underset{O}{\parallel}}{RC}-CH_2R' \xrightarrow{H_2N-NH-CO-NH_2} \underset{\underset{N-NH-CO-NH_2}{\parallel}}{RC}-CH_2R' + H_2O$$

$$\downarrow 2,4-(NO_2)_2-C_6H_3-NH-NH_2$$

$$\underset{\underset{2,4-(NO_2)_2C_6H_3-NH-N}{\parallel}}{RC}-CH_2R'$$

Prepare como se descreve em *Aldeídos* (p.44).

ÉSTERES

(a) Hidrólise

$$RCO_2R' + H_2O \xrightarrow{HO^-} RCO_2H + R'OH$$

Há vários métodos para efectuar a hidrólise de ésteres com formação do ácido e do álcool ou fenol originais, dependendo da facilidade de hidrólise do éster e do ponto de ebulição de R' OH. Descrevem-se, a seguir, três métodos que utilizam o hidróxido de potássio em diferentes solventes, nomeadamente, água, etanol e éter di(2-hidroxietílico)(dietilenoglicol).

Base aquosa - Aqueça o éster (5 g) em refluxo com 40 cm^3 de hidróxido de potássio aquoso a 30% até a hidrólise se completar, o que normalmente é indicado pela alteração da aparência ou pelo cheiro da mistura de reacção. Se se separar um sólido (normalmente um sal pouco solúvel do ácido componente), filtre, lave bem com água e caracterize como éster de 4-bromo ou 4-fenilfenacilo como se descreve em *Ácidos Carboxílicos* (p.50). Se se separar um líquido, poderá tratar-se de um álcool insolúvel. Neste caso extraia com éter, seque o extracto etéreo com sulfato de sódio anidro e evapore o éter num banho de água. Caracterize o composto obtido do modo descrito em *Álcoois* (p.43).

No caso de obter uma solução homogénea, sature com carbonato de potássio sólido e extraia com éter. Seque o extracto etéreo com sulfato de sódio anidro e evapore o éter. Caracterize o resíduo como se descreve em *Álcoois* (p.43). Acidifique a solução aquosa com ácido clorídrico e filtre qualquer sólido que se forme. Lave bem com água e caracterize como se des-creve em *Ácidos Carboxílicos* (p.49) ou *Fenóis* (p.59)*. Se não se obtiver sólido, sature com cloreto de cálcio e extraia com éter. Evapore o éter e caracterize o resíduo como se descreve em *Ácidos Carboxílicos* (p.49) ou *Fenóis* (p.59)*.

Base metanólica - (para ésteres de álcoois e fenóis de elevados pontos de ebulição). Aqueça o éster (5 g) em refluxo com 40 cm^3 de hidróxido de potássio metanólico a 20% até que a hidrólise se complete. Se se separar um sólido, filtre, lave bem com metanol e caracterize como se des-creve em *Ácidos Carboxílicos* (p.49) ou *Fenóis* (p.59)*. Destile, cuidadosamente, o metanol do filtrado e caracterize o resíduo como se descreve em *Álcoois* (p.43) ou *Fenóis* (p.59). Se obtiver uma solução homogénea depois da hidrólise, destile a maior parte do metanol num banho de água, arrefeça e extraia o resíduo com éter. Seque o extracto etéreo com sulfato de sódio anidro, evapore o éter e caracterize o resíduo como se descreve em *Álcoois* (p.43). Caracterize o resíduo remanescente, não solúvel em éter, como se descreve em *Ácidos Carboxílicos* (p.49).

Base em dietilenoglicol - (para ésteres resistentes à hidrólise). Ao éster (5 g) adicione uma solução preparada com 2 g de hidróxido de potássio, 10 cm^3 de dietilenoglicol e 2 cm^3 de água. Aqueça a mistura em refluxo durante 5 minutos. Destile toda a matéria volátil (água e álcool) e sature este destilado com carbonato de potássio antes de extrair com éter. Seque o extracto etéreo, destile o solvente usando uma coluna de fraccionamento e caracterize o resíduo conforme se descreve em *Álcoois* (p.43). Se não se detectar álcool, então o resíduo que fica depois da extracção etérea contém ácido carboxílico e fenol. Dissolva em água e acidifique com ácido clorídrico. Filtre qualquer sólido que se obtiver e caracterize como se descreve em *Ácidos Carboxílicos* (p.49) ou *Fenóis* (p.59)*. O filtrado conterá o outro componente que deverá ser caracte-rizado do mesmo modo.

---

* Quando se formam conjuntamente ácidos carboxílicos e fenóis que têm solubilidades semelhantes nos solventes usados, eles poderão separar-se da seguinte maneira : acidifique o resíduo e sature a solução com cloreto de cálcio. Extraia com éter e trate o extracto etéreo com uma solução de bicarbonato de sódio a 5%. Separe a camada etérea e seque com sulfato de sódio anidro. Evapore o éter e caracterize o resíduo como se descreve em *Fenóis* (p.59). Acidifique o extracto de bicarbonato, sature com cloreto de cálcio e extraia com éter. Seque o extracto etéreo com sulfato de sódio anidro e evapore o éter. Caracterize o resíduo como se descreve em *Ácidos Carboxílicos* (p.49).

ÉTERES

(a) Derivado nitro

onde n = 1, 2 ou 3.

Dado que a nitração é, por vezes, perigosa, ela deve ser feita sempre com precaução. Existem vários métodos que podem ser seguidos consoante a facilidade de nitração de cada composto particular. Estes métodos descrevem-se a seguir, sendo o preferido aquele que se indica nas tabelas de pontos de fusão.

(i) Misture volumes iguais de ácido sulfúrico concentrado e de ácido nítrico concentrado (5 cm^3) e adicione-lhes o composto orgânico (0,5 g). Mantenha a temperatura a 25^0 arrefecendo e agitando até a reacção se completar. Se não se der reacção, a mistura deve ser cuidadosamente aquecida para a iniciar. Deite o produto resultante em água (50 cm^3) e agite. Filtre o sólido formado.

(ii) Misture ácido sulfúrico concentrado (5 cm^3) e ácido nítrico fumante (3 cm^3) (CUIDADO) e arrefeça até à temperatura ambiente. Adicione o composto orgânico (0,5 g) agitando continuamente e arrefecendo. Depois de cessar a reacção inicial, aqueça durante 5 minutos num banho de água a ferver. Deite em água fria (50 cm^3) e filtre o produto sólido. Por vezes obtém-se um óleo, mas este acaba normalmente por solidificar depois de uma vigorosa agitação e raspagem do recipiente de reacção.

(iii) Trate o composto orgânico (0,5 g) com ácido nítrico fumante (3 cm^3) gota a gota, arrefecendo continuamente com gelo. Depois de a reacção parar, deixe a mistura repousar durante 5 minutos, à temperatura ambiente, antes de a deitar em água (50 cm^3). Filtre o sólido obtido.

(iv) Dissolva o composto orgânico (0,5 g) num mínimo de ácido acético glacial e junte uma mistura de ácido nítrico fumante (2 cm^3) e ácido etanóico (acético) (2 cm^3). Aqueça a mistura à ebulição e deixe repousar até arrefecer. Deite em água (50 cm^3) e filtre o sólido resultante.

(v) Como se descreve em (iv) acima, mas mantendo a temperatura a 20^0, arrefecendo com gelo. Depois de repousar durante 5 minutos dilua com água e filtre o produto sólido.

Em qualquer dos casos acima descritos, o produto bruto deve ser muito bem lavado com água e recristalizado de etanol aquoso, etanol ou benzeno.

(b) 3,5-Dinitrobenzoato de alquilo

$$ROR + 3,5\text{-}(NO_2)_2C_6H_3\text{-}COCl \longrightarrow 3,5\text{-}(NO_2)_2C_6H_3\text{-}CO\text{-}OR + RCl$$

Trate o éter (1 g) isento de álcool com cloreto de zinco anidro (0,1 g) e cloreto de 3,5-dinitrobenzoílo (0,5 g). Aqueça em refluxo, suavemente, durante 1 hora, verta o produto numa solução aquosa, saturada, de carbonato de sódio (10 cm^3) e aqueça num banho de água a ferver durante 1 minuto. Deixe arrefecer e filtre o sólido obtido. Lave com solução de carbonato de sódio e, depois, com água. Seque o sólido e extraia com tetracloreto de carbono. Evapore o excesso de solvente e deixe o derivado cristalizar.

(c) Complexo com o ácido pícrico

$$ArOR + 2,4,6\text{-}(NO_2)_3C_6H_2\text{-}OH \longrightarrow [ArOR][2,4,6\text{-}(NO_2)_3C_6H_2\text{-}OH]$$

Prepare como se descreve em *Aminas Primárias e Secundárias* (p.47).

(d) Sulfonamida

$$\text{ArOR} + ClSO_2\text{-OH} \longrightarrow \text{4-}(ClO_2S)\text{-C}_6H_4\text{-OR} \longrightarrow \text{4-}(H_2NO_2S)\text{-C}_6H_4\text{-OR}$$

Prepare como se descreve em *Haletos de Arilo* (p.54).

(e) Bromação

$$\text{ArOR} \xrightarrow{Br_2} \text{Br}_n\text{-C}_6H_{5-n}\text{-OR} + HBr$$

onde n = 1, 2 ou 3.

Suspenda ou dissolva o éter (1 g) em ácido etanóico (acético), triclorometano (clorofórmio) ou tetracloreto de carbono (5 cm^3) e junte, gota a gota, uma solução de bromo no mesmo solvente até que a cor do bromo persista. Deixe repousar até 15 minutos, adicionando mais bromo se a cor desaparecer. Evapore o solvente (quando utilizar ácido etanóico (acético) deite em água) e recristalize o produto de etanol.

HALETOS (MONO) DE ALQUILO

(a) Picrato de tiourónio

$$AlqX + H_2N\text{-}CS\text{-}NH_2 \longrightarrow \left[\begin{array}{c} NH_2 \\ \| \\ AlqS\text{-}C\text{-}NH_2 \end{array} \right]^+ X^- \xrightarrow{2,4,6\text{-}(NO_2)_3C_6H_2\text{-}OH}$$

$$\left[\begin{array}{c} NH_2 \\ \| \\ AlqS\text{-}C\text{-}NH_2 \end{array} \right]^+ [2,4,6\text{-}(NO_2)_3C_6H_2O]^- + HX$$

Trate o haleto (1 cm^3) com uma solução de tioureia (1,5 g) em água (4 cm^3) e etanol (3 cm^3). Aqueça num banho de água a ferver até completa solubilização e, depois, por mais 15 minutos. Deite a solução resultante num excesso de solução aquosa de ácido pícrico a 1% e filtre o precipitado que se forma. Recristalize de etanol aquoso.

(b) Éter 2-naftílico

$$AlqX + 2\text{-}C_{10}H_7O^- \longrightarrow 2\text{-}C_{10}H_7\text{-}OAlq + X^-$$

Prepare uma mistura do haleto (1 g), hidróxido de potássio (1 g) e 2-naftol (2 g) em etanol (10 cm^3). Ferva em refluxo durante 15 minutos e junte uma segunda porção de hidróxido de potássio (2 g) em água (20 cm^3). Agite até obter um produto sólido, filtre e lave bem com água. Recristalize de etanol aquoso. Isole produtos que forem líquidos por extracção com éter.

(c) Picrato do éter 2-naftílico

$$2\text{-}C_{10}H_7\text{-}OAlq + 2,4,6\text{-}(NO_2)_3C_6H_2\text{-}OH \rightarrow [2\text{-}C_{10}H_7\text{-}OAlq][2,4,6\text{-}(NO_2)_3C_6H_2\text{-}OH]$$

Ao produto (0,5 g) de (b), acima, em etanol (2 cm^3), junte uma solução alcoólica saturada de ácido pícrico (5 cm^3). Recolha o precipitado formado e recristalize de etanol.

(d) Oxidação de haletos de benzilo aos correspondentes ácidos carboxílicos

$$ArCH_2X \xrightarrow{[O]} ArCO_2H$$

(i) Oxidação com ácido crómico

Faça como se descreve em *Álcoois* (p.44).

(ii) Oxidação com permanganato de potássio

Misture o haleto (1,5 g) com hidróxido de sódio (1 g) e permanganato de potássio (9 g) em água (100 cm^3). Aqueça a solução em refluxo até que a cor do permanganato desapareça e filtre o dióxido de manganésio formado. Acidifique o filtrado com ácido clorídrico concentrado e filtre o sólido obtido. Recristalize de água, etanol aquoso ou etanol.

HALETOS (POLI) DE ALQUILO

(a) Picrato de tiourónio, p.ex.:

$$ClCH_2\text{-}CH_2Cl + 2\ H_2N\text{-}CS\text{-}NH_2 \xrightarrow{\text{ácido pícrico}}$$

$$\left[\begin{array}{c} H_2N\text{-}C\text{-}S\text{-}CH_2\text{-}CH_2\text{-}S\text{-}C\text{-}NH_2 \\ \parallel \qquad\qquad\qquad \parallel \\ NH_2 \qquad\qquad\qquad NH_2 \end{array}\right]^{2+} 2\,[2,4,6\text{-}(NO_2)_3C_6H_2O]^-$$

Prepare como se descreve em *Haletos (Mono) de Alquilo* (p.53).

(b) Éter 2-naftílico, p. ex.:

$$CH_2Cl_2 + 2\,[2\text{-}C_{10}H_7O^-] \longrightarrow [2\text{-}C_{10}H_7O]_2CH_2 + 2\,Cl^-$$

Prepare como se descreve em *Haletos (Mono) de Alquilo* (p.53).

HALETOS DE ARILO

(a) Sulfonamida

$$ArX + \underset{\text{excesso}}{ClSO_2\text{-}OH} \longrightarrow 4\text{-}XAr\text{-}SO_2Cl \xrightarrow{NH_3} 4\text{-}XAr\text{-}SO_2\text{-}NH_2$$

Prepare uma solução do composto (1 g) em triclorometano seco (clorofórmio) (5 cm^3), arrefeça em gelo e junte ácido clorossulfónico (3 cm^3). Quando a libertação do hidrogénio diminuir, aqueça e mantenha à temperatura ambiente durante 30 minutos (50^0 durante 10 minutos se a reacção for lenta). Deite o produto em gelo partido, separe a camada de triclorometano, seque com sulfato de sódio anidro e evapore o triclorometano num banho de água a ferver. Adicione amoníaco (0,88,

10 cm^3) ao resíduo, ferva durante 10 minutos (extractor de fumos), arrefeça e dilua com água (10 cm^3). Filtre a sulfonamida bruta e recristalize de etanol aquoso.

(b) Derivado nitro

$$\text{ArX} \xrightarrow{\text{NO}_2^+} 4\text{-XAr-NO}_2$$

Prepare como se descreve em *Éteres* (p.52).

(c) Complexo com ácido pícrico

$$\text{ArX} + 2,4,6\text{-}(NO_2)_3C_6H_2\text{-OH} \longrightarrow [\text{ArX}][2,4,6\text{-}(NO_2)_3C_6H_2\text{-OH}]$$

Prepare como se descreve em *Aminas Primárias e Secundárias* (picrato) (p.47).

HIDRAZINA, DERIVADOS

(a) Derivado de benzoílo

$$\text{RNH-NH}_2 + C_6H_5COCl \longrightarrow \text{RNH-NH-CO-}C_6H_5 + HCl$$

Prepare como se descreve em *Aminas Primárias e Secundárias* (p.46).

(b) Hidrazona de derivado de hidrazina

$$\text{RR' N-NH}_2 + C_6H_5\text{-CHO} \longrightarrow \text{RR' N-N:CH-}C_6H_5 + H_2O$$

Dissolva o derivado de hidrazina (0,5 g) em ácido etanóico (acético) (1 cm^3) e água (1 cm^3). A esta solução adicione benzaldeído (0,5 g) e aqueça durante 5 minutos. Adicione água (5 cm^3) e filtre o sólido obtido. Recristalize de etanol ou de ácido etanóico.

HIDROCARBONETOS

(a) Produto de adição de Diels-Alder com anidrido maleico ou benzoquinona, p.ex.:

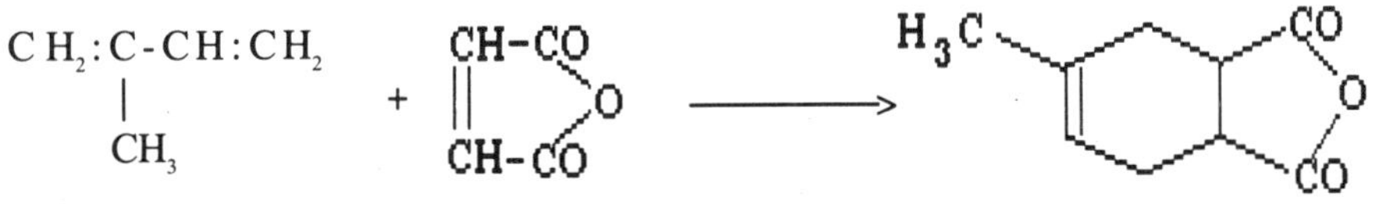

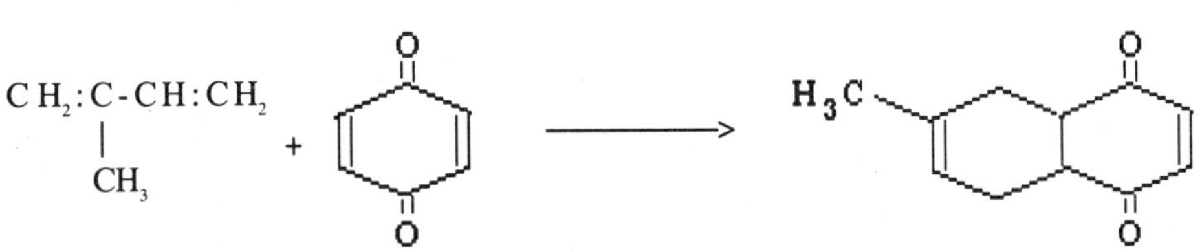

Dissolva o hidrocarboneto (1 g) em xileno (5-10 cm^3) e adicione anidrido maleico (1 g) ou benzoquinona (1 g) em pó. Aqueça a mistura em refluxo durante 25 minutos e arrefeça. Se não se separar sólido, junte pequenas quantidades de éter de petróleo (60-80°) para precipitar o produto. Filtre o sólido obtido e lave com um pouco de éter de petróleo antes de recristalizar de metanol, ciclo-hexano ou xileno.

(b) Sulfonamida

$$ArH + ClSO_2OH \xrightarrow[\text{excesso}]{} ArSO_2Cl \xrightarrow{NH_3} ArSO_2\text{-}NH_2$$

Prepare como se descreve em *Haletos de Arilo* (p.54)

(c) Derivados de mercúrio dos alquinos

$$2\ RC\equiv CH + K_2HgI_4 \longrightarrow (RC\equiv C)_2Hg$$

Dissolva 6,6 g de cloreto de mercúrio (II) numa solução de iodeto de potássio (16,3 g) em água (16,3 cm^3) e adicione hidróxido de sódio 2 M (12,5 cm^3). Dissolva o alquino (0,5 g) em etanol (10 cm^3) e junte, gota a gota, à solução preparada (10 cm^3); filtre imediatamente o precipitado e lave com etanol aquoso a 50%. Recristalize o produto de etanol ou benzeno.

(d) Derivados dos ácidos pícrico e estífnico

Prepare como se descreve em *Aminas Primárias e Secundárias* (picrato) (p.47).

CETONAS

(a) 2,4-Dinitrofenil-hidrazona

$$RR'\ C{:}O + 2{,}4\text{-}(NO_2)_2C_6H_3\text{-}NH\text{-}NH_2 \longrightarrow 2{,}4\text{-}(NO_2)_2C_6H_3\text{-}NH\text{-}N{:}CRR' + H_2O$$

Prepare como se descreve em *Aldeídos* (p.44).

(b) Semicarbazona

$$RR'\ C{:}O + H_2N\text{-}NH\text{-}CO\text{-}NH_2 \longrightarrow RR'\ C{:}N\text{-}NH\text{-}CO\text{-}NH_2 + H_2O$$

Prepare como se descreve em *Aldeídos* (p.44).

(c) Oxima

$$RR'\ C{:}O + H_2N\text{-}OH \longrightarrow RR'\ C{:}N\text{-}OH + H_2O$$

Dissolva o composto (0,5 g) em etanol (3 cm^3) e água (1 cm^3) e adicione cloreto de hidroxilamina (0,3 g) seguido de hidróxido de sódio (0,5 g). Quando terminar a solubilização, aqueça em refluxo durante 5-10 minutos. Arrefeça em gelo e acidifique com ácido clorídrico (use papel de tornesol). Filtre o produto e recristalize de etanol.

(d) 4-Nitrofenil-hidrazona e fenil-hidrazona

$$RR'\ C{:}O + ArNH\text{-}NH_2 \longrightarrow RR'\ C{:}N\text{-}NHAr + H_2O$$

onde Ar = 4-NO$_2$-C$_6$H$_4$- ou C$_6$H$_5$-.

Prepare como se descreve em *Aldeídos* (p.45).

(e) Derivado de benzilideno

$$\begin{array}{c} RCH_2 \\ | \\ C{:}O \\ | \\ R'CH_2 \end{array} + 2\ C_6H_5\text{-CHO} \longrightarrow \begin{array}{c} RC{:}CHC_6H_5 \\ | \\ C{:}O \\ | \\ R'C{:}CH\text{-}C_6H_5 \end{array} + 2\ H_2O$$

Prepare uma mistura do composto (0,5 g), com benzaldeído (1,2 cm^3) num pouco de etanol e hidróxido de sódio 4 M (0,5 cm^3). Agite e deixe depois repousar à temperatura ambiente até se obter um produto cristalino. Muitas vezes a cristalização pode ser induzida, raspando o recipiente com uma vareta de vidro. Filtre o produto e recristalize de etanol.

NITRILOS

(a) Amida

$$RCN \xrightarrow{H_2O_2} RCO\text{-}NH_2$$

Prepare uma solução formada por 10 cm^3 de peróxido de hidrogénio a 20 volumes e 2 cm^3 de hidróxido de sódio 2 M, adicione o nitrilo (0,5 g) e aqueça a 40^0 num banho de água. Agite frequentemente e por fim filtre o produto sólido obtido. Lave e recristalize de água, etanol aquoso ou etanol.

(b) Derivado nitro (apenas para os nitrilos aromáticos)

$$ArCN \xrightarrow{NO_2^+} 3\text{-}NO_2\text{-}Ar\text{-}CN$$

Prepare como se descreve em *Éteres*, método (i) (p.52)

(c) Hidrólise a ácido carboxílico

$$RCN \longrightarrow RCO_2H$$

Aqueça o nitrilo (1 g) em refluxo, com hidróxido de sódio 8 M (5 cm^3) para os nitrilos alifático, ou ácido sulfúrico 7 M (5 cm^3) para os nitrilos aromáticos, durante 1 hora. Arrefeça a solução resultante e adicione excesso de ácido clorídrico (nitrilos alifáticos) ou água (nitrilos aromáticos). Caracterize o ácido alifático produzido como o seu éster de 4-bromofenacilo tal como se descreve em *Ácidos Carboxílicos* (p.50).

Os ácidos aromáticos que se formarem podem ser filtrados e recristalizados de água, etanol aquoso ou etanol.

COMPOSTOS NITRO, HALOGENONITRO E NITROÉTERES

(a) Nitração

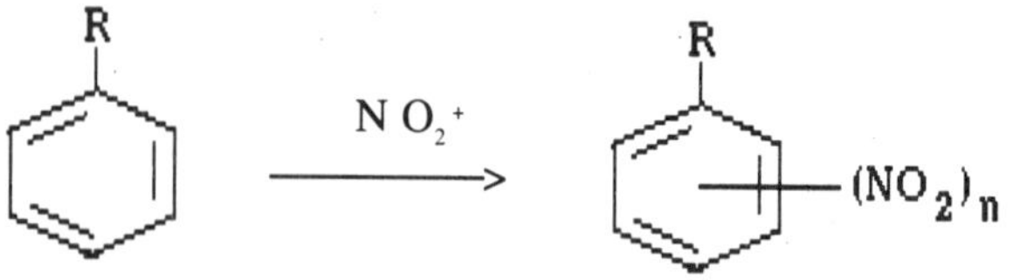

$$\text{ArR} \xrightarrow{NO_2^+} \text{ArR}(NO_2)_n$$

Prepare como se descreve em *Éteres* (p.52).

(b) Derivado de benzilideno

$$RCH_2\text{-}NO_2 + C_6H_5\text{-}CHO \longrightarrow \underset{\underset{CH\text{-}C_6H_5}{\|}}{RC\text{-}NO_2} + H_2O$$

Prepare como se descreve em *Cetonas* (p.57).

(c) Oxidação da cadeia alquílica lateral a ácido carboxílico

$$ArCH_3 \xrightarrow{[O]} ArCO_2H$$

Prepare como se descreve em *Álcoois* (p.44).

(d) Redução a amina

$$RNO_2 \xrightarrow{[H]} RNH_2$$

Suspenda o composto nitro (1 g) em ácido clorídrico concentrado (10 cm^3) e adicione etanol (2 cm^3) e estanho (3 g). Arrefeça até que a reacção inicial diminua e aqueça então em refluxo durante 30 minutos. Filtre a solução, arrefeça o filtrado e alcalinize com hidróxido de sódio 5 M, adicionando base suficiente para dissolver o precipitado de hidróxido de estanho (II) formado. Extraia a amina livre com éter, seque o extracto com sulfato de sódio anidro e evapore o éter (CUIDADO). A posterior conversão em derivados cristalinos deve ser feita de acordo com o que se descreve em *Aminas Primárias e Secundárias* (p.46).

(e) Redução parcial, p.ex.:

$$1,3\text{-}(NO_2)_2C_6H_4 \longrightarrow 3\text{-}NO_2\text{-}C_6H_4\text{-}NH_2$$

Dissolva o composto nitro (1 g) em etanol (10 cm^3) e adicione amoníaco (0,88, 1 cm^3). Sature a solução fria com sulfeto de hidrogénio e aqueça em refluxo num banho de água a ferver durante 30 minutos. Arrefeça, torne a saturar com sulfeto de hidrogénio e aqueça em refluxo durante mais trinta minutos. Deite em água fria e filtre o sólido obtido. Extraia o sólido com ácido clorídrico 2 M, alcalinize este extracto com solução de amoníaco (0,88) e filtre a nitroamina resultante. Recristalize de etanol aquoso, etanol ou benzeno.

FENÓIS

(a) Etanoato (acetato)

$$ArOH + CH_3\text{-}COCl \longrightarrow ArO\text{-}CO\text{-}CH_3 + HCl$$

(i) Dissolva o fenol (0,5 g) em piridina seca (0,5 cm^3) e adicione 0,5 cm^3 de cloreto de etanoílo (acetilo) gota a gota. Agite bem depois de cada adição e arrefeça se a temperatura subir rapidamente. Quando terminar a adição do cloreto de etanoílo, aqueça a 50-60^0 durante 5 minutos. Arrefeça, deite em água (15 cm^3) e mexa bem até se obter um sólido. Filtre o sólido e recristalize de etanol ou de etanol aquoso.

(ii) Agite o fenol (0,5 g) com 0,5 cm^3 de anidrido etanóico (acético) contendo ácido sulfúrico concentrado (3 gotas) a 60^0, durante 15 minutos. Arrefeça, adicione água (7 cm^3), agite bem e recristalize o produto.

(b) Benzoato e 4-toluenossulfonato

$$ArOH + C_6H_5\text{-}COCl \longrightarrow ArO\text{-}CO\text{-}C_6H_5 + HCl$$

$$ArOH + 4\text{-}CH_3\text{-}C_6H_4\text{-}SO_2Cl \longrightarrow 4\text{-}CH_3\text{-}C_6H_4\text{-}SO_2\text{-}OAr + HCl$$

Prepare como se descreve em *Álcoois* (p.43). Para os nitrofenóis é preferível substituir o método de Schotten-Baumann por outro em que a piridina seja a base, como se descreve em *Álcoois*, método c (p.43).

(c) 4-Nitrobenzoato e 3,5-dinitrobenzoato

$$ArOH + Ar'COCl \longrightarrow ArO\text{-}COAr' + HCl$$

onde Ar' = 4-NO$_2$-C$_6$H$_4$- ou 3,5-(NO$_2$)$_2$C$_6$H$_3$-.

Prepare como se descreve em *Álcoois*, método c (p.43).

(d) Ácido ariloxietanóico

$$ArOH + ClCH_2\text{-}CO_2H \longrightarrow ArO\text{-}CH_2\text{-}CO_2H + HCl$$

A uma solução do fenol (0,5 g) em hidróxido de sódio 5 M (3 cm^3) junte 0,5 g de ácido cloroetanóico (cloroacético) (CUIDADO: não se deve permitir que este ácido entre em contacto com a pele). Adicione um pouco de água se se formar sólido na solução quente. Aqueça num banho de água a ferver durante 1 hora, acidifique com ácido clorídrico 2 M até pH 3 e extraia com éter. Extraia a camada etérea com solução de carbonato de sódio 2 M. Se o sal de sódio do ácido se separar, retire-o por filtração e trate-o com ácido clorídrico 2 M. O sólido resultante é o derivado pretendido. Se não se separar sólido, acidifique o extracto de carbonato de sódio com ácido clorídrico 2 M. Filtre o sólido obtido. Recristalize o produto de água, etanol aquoso ou etanol.

(e) Derivado para os ácidos pícrico e estífnico, p.ex.:

$$2,4,6\text{-}(NO_2)_3C_6H_2\text{-}OH + C_{10}H_8 \longrightarrow [2,4,6\text{-}(NO_2)_3C_6H_2\text{-}OH][C_{10}H_8]$$

Prepare soluções saturadas de ácido pícrico ou estífnico e naftaleno em etanol e misture. Aqueça suavemente durante alguns minutos e arrefeça. Obtém-se facilmente um produto cristalino que pode ser recristalizado de etanol.

QUINONAS

(a) Oxima p.ex.:

$$\text{O=C}_6\text{H}_4\text{=O} + 2\ H_2N\text{-OH} \longrightarrow \text{HO-N=C}_6\text{H}_4\text{=N-OH} + 2\ H_2O$$

Prepare como se descreve em *Cetonas* (p.56).

(b) Semicarbazona p.ex.:

$$\text{O=C}_6\text{H}_4\text{=O} + 2\ H_2N\text{-NH-CO-NH}_2 \longrightarrow H_2N\text{-CO-NH-N=C}_6H_4\text{=N-NH-CO-NH}_2 + 2\ H_2O$$

Prepare como se descreve em *Aldeídos* (p.44).

(c) Hidroquinona p.ex.:

$$\text{O=C}_6\text{H}_4\text{=O} \xrightarrow{[H]} \text{HO-C}_6\text{H}_4\text{-OH}$$

Dissolva ou suspenda a quinona (1 g) em benzeno (5-10 cm³) e trate com uma solução (20 cm³) de hidrogenossulfito de sódio (10%) em hidróxido de sódio 1 M. Agite até a cor da quinona desaparecer e separe a camada aquosa. Arrefeça-a (gelo) e acidifique com ácido clorídrico concentrado. Filtre o sólido obtido e recristalize de água ou etanol.

ÁCIDOS SULFÓNICOS E SEUS DERIVADOS

(a) Amida

$$RSO_2\text{-OH} + PCl_5 \longrightarrow RSO_2Cl \xrightarrow{NH_3} RSO_2\text{-NH}_2$$

Misture o ácido sulfónico seco (1 g), ou o sal de sódio seco (1 g), com pentacloreto de fósforo (2 g) e aqueça num banho de água a ferver, tendo o cuidado de excluir o vapor de água do recipiente de reacção. Quando a reacção terminar junte água (15 cm³) e agite. Decante a água e adicione solução de amoníaco (0,88, 3 cm³) ao resíduo. Aqueça num banho de água a ferver durante 5-10 minutos e arrefeça. Filtre o produto sólido, lave bem com água e recristalize de água ou de etanol aquoso.

(b) Anilida

$$RSO_2\text{-}OH + PCl_5 \longrightarrow RSO_2Cl \xrightarrow{C_6H_5\text{-}NH_2} RSO_2\text{-}NH\text{-}C_6H_5$$

Use o método descrito acima mas substitua a solução de amoníaco por anilina (1 cm^3).

(c) Sal de benzilisotiourónio

$$RSO_2\text{-}O\text{-}Na^+ + \left[\begin{array}{c} C_6H_5\text{-}CH_2\text{-}S\text{-}C{:}NH_2 \\ | \\ NH_2 \end{array}\right]^+ Cl^- \longrightarrow$$

$$\left[\begin{array}{c} C_6H_5\text{-}CH_2\text{-}S\text{-}C{:}NH_2 \\ | \\ NH_2 \end{array}\right]^+ [O\text{-}SO_2R]^- + NaCl$$

Prepare o sal de sódio do ácido sulfónico (0,5 g) em água (3 cm^3) adicionando hidróxido de sódio 2 M até que a solução se torne ligeiramente alcalina à fenolftaleína. Neutralize o excesso de base adicionando mais ácido sulfónico (ou ácido clorídrico 2 M) e junte uma solução de cloreto de benzilisotiourónio (2 g) em água (5 cm^3). Arrefeça em gelo, filtre o produto crista-lino e recristalize de água, etanol aquoso ou etanol.

(d) Derivado de xantilo das sulfonamidas

$$RSO_2\text{-}NH_2 + \text{(xantidrol)} \longrightarrow \text{(derivado xantilo)} + H_2O$$

Trate a sulfonamida (0,5 g) com xantidrol (0,5 g) em ácido etanóico (acético) (25 cm^3) e aqueça a mistura até completa solubilização. Deixe repousar à temperatura ambiente até se separar um sólido. Pode adicionar água se não aparecer o sólido. Filtre o produto e recristalize de dioxano aquoso.

(e) Derivado de benzoílo das sulfonamidas

$$RSO_2\text{-}NH_2 + C_6H_5COCl \longrightarrow RSO_2\text{-}NH\text{-}CO\text{-}C_6H_5 + HCl$$

Prepare como se descreve em *Álcoois* (p.43).

(f) Derivado de etanoílo (acetilo) das sulfonamidas

$$RSO_2\text{-}NH_2 + CH_3\text{-}COCl \longrightarrow RSO_2\text{-}NH\text{-}CO\text{-}CH_3 + HCl$$

À sulfonamida (1 g) adicione 3 cm^3 de cloreto de etanoílo (acetilo) e aqueça em refluxo durante 30 minutos, juntando até 2 cm^3 de ácido etanóico (acético) se a solubilização não for total. Retire o excesso de cloreto de etanoílo por destilação no vácuo e deite o resíduo em água gelada (25 cm^3). Agite o produto até ele solidificar, filtre, lave bem com água e recristalize de etanol aquoso.

(g) Derivado difenilmetilo

$$RSO_2NH_2 + Ph_2CHOH \longrightarrow RSO_2NHCHPh_2 + H_2O$$

Prepare como vem descrito em *Amidas, Imidas, Ureias e Guanidinas* (p.45).

TIOÉTERES (SULFETOS)

(a) Sulfona

$$RSR' \xrightarrow{[O]} RSO_2R'$$

Dissolva o tioéter (1 g) no mínimo de ácido etanóico (acético) e adicione solução de permanganato de potássio a 3% enquanto a cor for desaparecendo. Se o reagente precipitar durante esta adição, deve juntar-se mais ácido etanóico. Depois de a reacção se completar faça passar dióxido de enxofre pelo recipiente de reacção até dissolver o dióxido de manganésio precipitado. Junte flocos de gelo e filtre a sulfona sólida. Lave bem com água e recristalize de etanol.

TIÓIS E TIOFENÓIS

(a) Sulfeto de 2,4-dinitrofenilo

$$RSH + 2,4\text{-}(NO_2)_2C_6H_3Cl \longrightarrow 2,4\text{-}(NO_2)_2C_6H_3\text{-}SR + HCl$$

Dissolva o tiol (1 g) em etanol (30 cm³) e adicione hidróxido de sódio (0,4 g) em etanol (3 cm³) seguido de 1-cloro-2,4-dinitrobenzeno (2 g) (CUIDADO: irritante da pele) em etanol (10 cm³). Aqueça em refluxo num banho de água a ferver durante 10 minutos, filtre e deixe o filtrado arrefecer. Recristalize o produto de etanol.

(b) Derivado de hidrogeno-3-nitroftaloílo

RSH + [3-nitroftálico anidrido] ⟶ [ácido 2-(alquiltiocarbonil)-3-nitrobenzoico]

Prepare como se descreve em *Álcoois* (p.43).

(c) Derivado de 3,5-dinitrobenzoílo

$$RSH + 3,5\text{-}(NO_2)_2C_6H_3\text{-}COCl \longrightarrow 3,5\text{-}(NO_2)_2C_6H_3\text{-}CO\text{-}SR + HCl$$

Prepare como se descreve em *Álcoois* (p.43).

TABELAS DE COMPOSTOS ORGÂNICOS E SEUS DERIVADOS

NOTAS EXPLICATIVAS SOBRE AS TABELAS DE COMPOSTOS E DERIVADOS

1. Em cada tabela os compostos estão listados por ordem crescente dos seus pontos de ebulição se forem líquidos ou sólidos que fundam abaixo de 40^0. Os compostos que fundem a 40^0 ou acima estão separados dos líquidos por uma linha horizontal e estão dispostos por ordem crescente dos seus pontos de fusão, embora o ponto de ebulição seja, por vezes, incluido.

2. Os pontos de ebulição são dados à pressão atmosférica, excepto para alguns compostos de elevado ponto de ebulição, cujos valores são indicados a pressão reduzida e escritos do seguinte modo: 94/12 mm, o que significa um ponto de ebulição de 94^0 à pressão de 12 mm.

3. Os pontos de ebulição e de fusão são dados com aproximação ao número inteiro e apenas com um único valor. Esta aproximação é feita com o intuito de simplificar e também por causa da ligeira variação do grau de precisão de diferentes termómetros e ainda dos erros pessoais na determinação dos pontos de fusão e de ebulição. Por exemplo, um ponto de fusão, que na literatura é indicado como $172\text{-}174^0$, ou $173,5^0$, é dado nas tabelas como 173^0.

4. Os números dados nas colunas dos derivados são pontos de fusão. Para alguns compostos encontram-se na literatura dois valores diferentes de pontos de ebulição ou de fusão. O segundo (geralmente encontrado com menos frequência) é dado nas tabelas entre parêntesis, abaixo do valor mais comum.

5. Para os compostos que existem como enantiomorfos, as constantes referem-se à forma racémica, ou +/-, a não ser que outra coisa seja indicada.

6. Nas tabelas usam-se as seguintes abreviaturas:

anid.	anidro	*dil.*	diluido
aq.	aquoso	*hid.*	hidrato
conc.	concentrado	*insol.*	insolúvel
d	decomposição	*sol.*	solúvel
deriv.	derivado	*subl.*	sublima

7. Quando a cor de um composto não for a cor branca, ela vem indicada na última coluna da tabela; esta também contém informação suplementar para ajudar na identificação do composto.

Tabela 1. Acetais

Acetal	P.e.	Aldeído	4-Nitro-fenil-hidrazona (p.45)	2,4-Dinitrofenil-hidrazona (p.44)	Álcool	Alquil-xantato de K (p.42)
Dimetoximetano (Metilal)	45	Metanal	182	167	Metanol	182
1,1-Dimetoxietano (Dimetilacetal)	64	Etanal	128	168	Metanol	182
Dietoximetano (Etilal)	89	Metanal	182	167	Etanol	225
1,1-Dietoxietano (Acetal)	102	Etanal	128	168	Etanol	225
1,1-Dietoxi-2-propeno (Acetal da acroleína)	126	Propenal (Acroleína)	151	165	Etanol	225
1,1-Dipropoximetano	140	Metanal	182	167	1-Propanol	233
1,1-Dibutoxietano	187	Etanal	128	168	1-Butanol	255
α,α-Dimetoxitolueno	198	Benzaldeído	192	237	Metanol	182
α,α-Dietoxitolueno	222	Benzaldeído	192	237	Etanol	225

Tabela 2. Álcoois (C, H e O)

	P.e.	P.f.	3,5-Dinitrobenzoato (p.43)	Hidrogeno-3-nitroftalato (p.43)	4-Nitrobenzoato (p.43)	Notas
Metanol	65		109	153*	96	*Anidro; o mono-hidrato funde <100, mas, quando seco a 80, torna-se anidro
Etanol	78		94	157	56	
2-Propanol	83		122	154	110	
2-Metil-2-propanol (t-Butanol)	83	25	142		116	
1-Propanol	97		75	144	35	
2-Propenol (Álcool alílico)	97		50	124	28	Insaturado
2-Butanol (s-Butanol)	100		76	131	25	
2-Metil-2-Butanol (Álcool t-pentílico)	102		118		85	
2-Metil-1-propanol (Isobutanol)	108		88	183	69	
3-Metil-2-butanol	113		76	127		
3-Pentanol	116		100	121	17	
1-Butanol	117		64	147	35	
2-Pentanol	120		62	103	17	
3-Metil-3-pentanol	123		96		69	
2-Metoxietanol ("cellosolve" metílica)	125			129	50	
2-Metil-1-butanol (Álcool amílico)	128		70	158		
3-Metil-1-butanol	132		62	164	21	
4-Metil-2-pentanol	132		65	166	26	
2-Etoxietanol ("cellosolve" etílica)	135		75	121*		*Anidro; mono-hidratado, 94
3-Hexanol	136		77	127		

Tabela 2. Álcoois (C, H e O) (cont.)

	P.e.	P.f.	3,5-Di-nitro-benzo-ato (p.43)	Hidroge-no-3-ni-troftala-to(p.43)	4-Nitro-benzoato (p.43)	Notas
1-Pentanol	138		46	136	óleo	
2,4-Dimetil-3-pentanol	140		38	151	40	
Ciclopentanol	140		115		62	
3-Hidroxi-2-butanona (Acetoína)	145					Ver Tabela 26
1-Hidroxi-2-propanona (Acetol)	146					Ver Tabela 26
2-Metil-1-pentanol	148		50	145		
2-Etil-1-butanol	149		51	147		
4-Metil-1-pentanol	152		70	140		
1-Hexanol	156		61	124		
2-Heptanol	158		50			$K_2Cr_2O_7$-H_2SO_4(p.44) -----> 2-heptanona
Ciclo-hexanol	161	25	113	160	52	
Álcool furfurílico	170		81		76	
2-Butoxietanol ("cellosolve" butílica)	171			120	óleo	
1-Heptanol	176		48	127	óleo	
Álcool tetra-hidro-furfurílico	177		83		47	
2-Octanol	179		32		28	$K_2Cr_2O_7$-H_2SO_4(p.44) ----> 2-octanona
2-Etil-1-hexanol	184			108		
1,2-Propanodiol (Propilenoglicol)	187		147		127	
3,5,5-Trimetil-1-hexanol	193		62	150		
1-Octanol	194		62	128	óleo	
Álcool (-)-linalílico	197		135		70	Insaturado
1,2-Etanodiol (Etilenoglicol)	197		169		140	Di(4-toluenossulfo-nato), 93 (p.43)
1-Feniletanol	202	20	94		43	
Álcool benzílico	205		113	183	85	
1-Nonanol	214		52	125		
1,3-Propanodiol (Trimetilenoglicol)	214		178		119	Di(4-toluenossulfo-nato), 93 (p.43)
Isoborneol	216		138		129	
2-Feniletanol	219		108	123	62	
α-Terpineol	221	35	78		139	
1-Tetradecanol (Álcool mirístico)	221	39	67	123	51	
trans-3,7-Dimetil-2,6-oc-tadien-1-ol (Geraniol)	229		63	117	35	Insaturado; Br_2 -->tetrabrometo, 70
1,4-Butanodiol	230	19			175	Dibenzoato, 81; Di(4-toluenossulfo-nato), 94 (p.43)
1-Decanol	231	6	57	123	30	
2-Fenoxietanol	237 (245)	12	105 (74)	113	63	4-Toluenossulfo-nato, 80 (p.43)

Tabela 2. Álcoois (C, H e O) (cont.)

	P.e.	P.f.	3,5-Dinitrobenzoato (p.43)	Hidrogeno-3-nitroftalato(p.43)	4-Nitrobenzoato (p.43)	Notas
3-Fenil-1-propanol	237		92	117	46	
1-Undecanol	243	15	55	123	30	
Éter di-(2-hidroxietílico) (Dietilenoglicol)	244		150		100 di	Di(4-toluenossulfonato), 88 (p.43)
3-Fenil-2-propen-1-ol (Álcool cinâmico)	257	33	121		78	Insaturado; Br_2 -->dibrometo,74
1-Dodecanol (Álcool laurílico)	259	25	60	124	43	
1,2,3-Propanotriol(Glicerol)	290d	18			188	
(-)-2-Isopropil-5-metil-ciclo-hexanol((-)-Mentol)	216	42	153		61	
1-Hexadecanol (Álcool cetílico)		50	66	122	52 (58)	
1-Heptadecanol		54	121	121	53	
2-Butino-1,4-diol		55	190			Dibenzoato,76; Di(4-toluenossulfonato, 94 (p.43)
1-Octadecanol(Álcool estearílico)		59	66	119	64	
Difenilmetanol(Benzidrol)		69	141		131	
D-Glucitol (D-Sorbitol)		111*				*Anidro;hidrato,90;hexaetanoato,99;hexabenzoato,129 (p.43)
Benzoína		133			123	Benzoato,124 (p.43)
Furoína		136				Ver Tabela 26
Trifenilmetanol		162				Ver Tabela 26 Etanoato,87; benzoato, 162 (p.43)
D-Manitol		166				Hexaetanoato,126;hexabenzoato,148(129)(p.43)
D-Galactitol (Dulcitol)		188				Hexaetanoato,171;hexabenzoato,188 (p.43)
(+)-Borneol	212	208	154		153	
Mioinositol		225	86			Hexaetanoato,212 subl.; hexabenzoato,258 (p.43)
Pentaeritritol		262 (253)				Tetraetanoato,84;tetrabenzoato,99 (p.43)

Tabela 3. Álcoois (C, H, O e Halogénio ou N)

	P.e.	P.f.	3,5-Dinitrobenzoato (p.43)	Hidrogeno-3-nitroftalato(p.43)	4-Nitrobenzoato (p.43)	Notas
1-Cloro-2-propanol	127		77			
2-Cloroetanol (Etilenocloridrina)	129		95 (88)	98	56	
2-Cloro-1-propanol	133		76			
2-(Dimetilamino)etanol	135					Ver Tabela 12
2-Bromoetanol	149d		85	172		
2,2,2-Tricloroetanol	151	19	142		71	

Tabela 3. Álcoois (C, H, O e Halogénio ou N) (cont.)

	P.e.	P.f.	3,5-Di-nitro-benzo-ato (p.43)	Hidroge-no-3-ni-troftala-to(p.43)	4-Nitro-benzoato (p.43)	Notas
2-(Dietilamino)etanol	161					Ver Tabela 12
3-Cloro-1-propanol	161		77			
1-Amino-2-propanol (Isopropanolamina)	163					Picrato,142; ver Tabela 8
2-Aminoetanol	171					Picrato,159; reage com anidrido ftálico --> ß-hidroxietilimida,127; ver Tabela 8
3-Aminopropanol	188					Ver Tabela 8
Di-(2-hidroxietil)amina (Dietanolamina)	270	28				Ver Tabela 11

Tabela 4. Aldeídos (C, H e O)

	P.e.	P.f.	2,4-Di-nitro-fenil-hidra-zona (p.44)	Semi-carba-zona (p.44)	Di-me-tona (p.45)	4-Nitro-fenil-hidra-zona (p.45)	Notas
Metanal (Formaldeído)	-21		167	169d	189	182	A solução aq. a 40% é a formalina
Etanal (Acetaldeído)	20		168	163	140	128	
Propanal (Propionaldeído)	50		155	154*	155	124	*Recr. de água
Etanodial (Glioxal)	50		327	270	186* mono	310d	*Di, 228
Propenal (Acroleína)	52		165	171	192	151	Insaturado
2-Metilpropanal (Isobutiraldeído)	64		182	125	154	131	
2-Metil-2-propenal	73		206	198			Insaturado
Butanal	74		125	105	136	91	
2,2-Dimetilpropanal (Pivalaldeído)	75		209	190		119	
3-Metilbutanal (Isovaleraldeído)	92		123	132 (107)	155	110	
2-Metilbutanal	93		121	103			
Pentanal (Valeraldeído)	103		107		105	74	
2-Butenal (Crotonaldeído)	103		196	200*	186	184	*Varia com a velocidade de aquecimento. Insaturado
5-Hidroximetil-furfuraldeído	114	35	184	195d (166)		185	
2-Etilbutanal	116		134	98	102		
Paraldeído	124						Dá etanal por aquecimento com um pouco de ácido sulfúrico conc.
Hexanal (Caproaldeído)	129		104	108	109	80	

Tabela 4. Aldeídos (C, H e O) (cont.)

	P.e.	P.f.	2,4-Dinitrofenilhidrazona (p.44)	Semicarbazona (p.44)	Dimetona (p.45)	4-Nitrofenilhidrazona (p.45)	Notas
3-Metil-2-butenal (ß-Metilcrotonaldeído)	135		182	221			Insaturado
Tetra-hidrofurfural	144		134	166	123		
Heptanal (Heptaldeído)	156		108	109	103 (135)	73	
Furfural	161		202*	203	160d	154	*Variável
Hexa-hidrobenzaldeído	162		172	174			
Succinaldeído	169		280				Oxima,172 (p.44)
Octanal	171		106	98	90	80	
Benzaldeído	179		237	222*	195	192	*Varia com a velocidade de aquecimento. Cheiro a amêndoas amargas
Nonanal	185		100	100	86		
5-Metilfurfural	187		212	211		130	
Feniletanal	194	33	121	156	165	151	
2-Hidroxibenzaldeído (Salicilaldeído)	196		248*	231	211	227	*De etanol. Ver Tabela 30
3-Tolualdeído	199		194	224	172	157	
2-Tolualdeído	200		194	212	167	222	
4-Tolualdeído	204		234	234		200	
Decanal	208		104	102	92		
Fenoxiacetaldeído	215d		130	145			Oxima,95 (p.44)
3-Fenilpropanal	224		149	127		123	
trans-3,7-Dimetil-2,6-octadienal (Geranial,citral a)	228d		116 (108)	164		195	Insaturado
3-Metoxibenzaldeído	230		218	233d		171	
4-Isopropilbenzaldeído (Cuminaldeído)	235		244	211	171	190	
2-Metoxibenzaldeído	245	38	253	215	188	205	
4-Metoxibenzaldeído (Anisaldeído)	248		253d	210	145	160	
3-Fenilpropenal (Cinamaldeído)	252		255d	215	219 (213)	195	Insaturado
3,4-Metilenodioxibenzaldeído(Piperonal)	263	37	266d	234	178	200	
1-Naftaldeído	292	34	254	221		234	
Tetradecanal (Miristaldeído)	155 /10mm	23	108	107		95	
Hexadecanal (Palmitaldeído)	200 /29mm	34	108	108		97	
Octadecanal (Estearaldeído)	212 /22mm	38	110	108		101	
Dodecanal(Lauraldeído)		44	106	106		90	
Ftalaldeído		56					Fenil-hidrazona,191(p.45)
3,4-Dimetoxibenzaldeído(Veratraldeído)		58	264	177	173		

Tabela 4. Aldeídos (C, H e O) (cont.)

	P.e.	P.f.	2,4-Dinitrofenilhidrazona (p.44)	Semicarbazona (p.44)	Dimetona (p.45)	4-Nitrofenilhidrazona (p.45)	Notas
2-Naftaldeído		60	270	245		230	
4-Hidroxi-3-metoxibenzaldeído(Vanilina)		80	271d	240d	197	227	O composto de adição bissulfítica é sol. em água. Ver Tabela 30
Fenilglioxal, hidrato		91	296	217d		310	Dioxima,168; mono-oxima, 128 (p.44)
3-Hidroxibenzaldeído		104	260	199		222	Ver Tabela 30
Tereftaldeído		116		225d		281*	*Sinteriza a 272; oxima, 200 (p.44)
4-Hidroxibenzaldeído		117	280d	222	189	266	Ver Tabela 30; o composto de adição bissulfítica é sol. em água
2,4-Di-hidroxibenzaldeído (ß-Resorcilaldeído)		135	286d (302)	260d	226		Ver Tabela 30
Gliceraldeído(dímero)		142	167	160d	197		
3,4-Di-hidroxibenzaldeído (Protocatechualdeído)		154	275d	230d	143d		Ver Tabela 30

Tabela 5. Aldeídos (C, H, O e Halogénio ou N)

	P.e.	P.f.	2,4-Dinitrofenilhidrazona (p.44)	Semicarbazona (p.44)	Dimetona (p.45)	4-Nitrofenilhidrazona (p.45)	Notas
Tricloroetanal (Cloral)		98	131	90d			
Tribromoetanal (Bromal)		174*					*Anidro;hidrato,54 Oxima,115 (p.44)
2-Clorobenzaldeído	208	11	208	225	205	249	
3-Clorobenzaldeído	213	18	255	228		216	
2-Bromobenzaldeído	230	22	203	214		240	
3-Bromobenzaldeído	234		256	205		220	
2-Aminobenzaldeído		40	250	247		219	Oxima,135 (p.44)
4-(Dietilamino)benzaldeído		41	206	214			Oxima,93 (p.44)
2-Nitrobenzaldeído		44	250d	256		263	
4-Clorobenzaldeído	214	47	268	231		239	
Tricloroetanal,hidrato(Hidrato de cloral)		57	131	90d			
4-Bromobenzaldeído		57	257* 128*	228		208	*Polimorfos
3-Nitrobenzaldeído		58	293d	246	198	247	
2,4-Diclorobenzaldeído		71	226			256	Oxima,136 (p.44)
4-(Dimetilamino)benzaldeído		74	237	222		182	
4-Nitrobenzaldeído		106	320	220	190	249	
5-Bromo-2-hidroxibenzaldeído (5-Bromosalicilaldeído)		106	292	297d			Oxima,126 (p.44) Ver Tabela 31

Tabela 6. Amidas (primárias), Imidas, Ureias, Tioureias e Guanidinas

	P.f.	Deriv.de xantilo (p.45)	Ácido carboxílico (p.45)	Notas
Metanamida (Formamida)	3	184		P.e.193; der.difenil metilo,133 (p.45)
Carbamato de etilo (Uretano)	49	169		
Carbamato de metilo	54	193		
Propanamida	81	214		Der.difenilmetilo,143 (p.45)
Etanamida (Acetamida)	82	240		Der.difenilmetilo,148 (p.45)
Propenamida (Acrilamida)	84			Insaturado
2-Fenilpropanamida	92	158		
Maleimida	93		130	Insaturado
Semicarbazida	96			Semicarbazona do etanal,163
N-Metilureia	101	230		Der.etanoílo,180
3-Fenilpropanamida	105	189	48	
Butanamida	116	186		Der.difenilmetilo,122 (p.45)
Cloroetanamida	120	209	*	*Hidrólise dá ácido hidroxietanóico,80
Cianoetanamida	123	223		
Succinimida	125	246	185	
Benzamida	128	223	122	Der.difenilmetilo,175 (p.45)
Ureia	132	274		Nitrato,163
2-Hidroxibenzamida (Salicilamida)	139		158	Ver Tabela 31; der.difenil-metilo,160 (p.45)
N-Fenilureia	147	225		
N-Feniltioureia	154			
Feniletanamida	157	196	76	Der.difenilmetilo,164 (p.45)
Malonamida	170	270	133d	
Cloreto de guanidina	172			HNO_3(frio,conc.)+H_2SO_4 --> nitroguanidina,230 d
4-Etoxifenilureia (Dulcina)	173			Aquecimento acima do p.f. -->di-(4-etoxifenil) ureia,235
Tioureia	180			Aquecimento ao p.f. --> NH_4CNS que, com $FeCl_3$ aq., dá cor vermelha; der.N,S-di-etanoílo,153; der. N-benzoílo,171
N,N-dimetilureia	182	250		
Tiosemicarbazida	182			Der.etanoílo,165;tiosemicarbazona do benzaldeído,160
1,1-Difenilureia (Carbanilida)	189	180		
Biureta*	192d	260		*H_2N-CO-NH-CO-NH_2. Com vestígios de $CuSO_4$+NaOH dil.--> cor vermelha;um excesso de $CuSO_4$ dá cor violeta
Carbonato de guanidina	197			HNO_3(frio, conc.)+H_2SO_4 -->nitroguanidina,230 d
4-Nitrobenzamida	201	232	240	Der.difenilmetilo, 223 (p.45)
N-cianoguanidina (Dicianodiamida)	208			
Nitrato de guanidina	214			HNO_3(frio,conc.)+H_2SO_4 -->nitroguanidina,230 d
Ftalamida	220		200d	Perde NH_3 perto do seu ponto de fusão para dar ftalimida,233
Benzenossulfimida (Sacarina)	230	199		
Ftalimida	233	177	200d	
Succinamida	260d	275	125	Der.difenilmetilo, 221 (p.45)

Tabela 7. Amidas, N-substituidas

As amidas N-substituidas, indicadas como derivados de etanoílo e de benzoílo de aminas e de aminoácidos nas Tabelas 8-11 e 13, devem ser consultadas juntamente com a lista seguinte. À hidrólise (p.46) deve seguir-se a identificação do ácido e da amina.

	P.e.		P.f.
N,N-Dimetilmetanamida	153	N-(2,4-Dimetilfenil)etanamida	130
(N,N-Dimetilformamida)		N-Fenilbromoetanamida	131
N,N-Dimetiletanamida	165	N-(4-Etoxifenil)etanamida	135[c]
(N,N-Dimetilacetamida)		(Fenacetina)	
N,N-Dietilmetanamida	176	N-Fenil-4-toluamida	144
(N,N-Dietilformamida)		N-4-Toliletanamida	153[d]
		N-Metil-N-(4-nitrofenil)etanamida	153
	P.f.	N-4-Tolilbenzamida	158
		N-1-Naftiletanamida	160
N-Fenilmetanamida	46	N-Fenilbenzamida	163[e]
(Formanilida)		(Benzanilida)	
3-Oxobutanamida	54	N-(4-Bromofenil)etanamida	167
(Acetoacetamida)		(4-Bromoacetanilida)	
N-Etil-N-feniletanamida	54[a]	N-Bromobutanodiimida	174
(N-Etilacetanilida)		(N-Bromosuccinimida)	
N-Fenil-3-oxobutanamida	85	N-(4-Clorofenil)etanamida	178
(Acetoacetanilida)		N,N'-Dietanoíl-1,2-diaminobenzeno	186
N-(2-Metoxifenil)etanamida	87	N-Benzoílglicina(Ácido hipúrico)	187
N-Feniloctadecanamida	94	N,N'-Dietanoíl-1,3-diaminobenzeno	190
N,N-Difeniletanamida	101	N-(4-Hidroxifenil)-N-metiletanamida	240
N-Metil-N-feniletanamida	102	Ácido barbitúrico	245
N-Fenilpropanamida	106[b]	N,N'-Dietanoíl-1,4-diaminobenzeno	303
N-Feniletanamida(Acetanilida)	114		

[a] HNO$_3$ conc.+ H$_2$SO$_4$ a 40° --> der. 4-nitro, 118
[b] HNO$_3$ conc.+ H$_2$SO$_4$ a 0° --> der. 4-nitro, 182
[c] Aquec. com HNO$_3$ a 10% --> der. 3-nitro, 103
[d] Br$_2$-ácido etanóico --> der. 3-bromo, 117
[e] Br$_2$-ácido etanóico --> der. 4-bromo, 202

Tabela 8. Aminas alifáticas primárias

	P.e.	P.f.	Der. de etanoílo (p.46)	Der. de benzoílo (p.46)	Der.de 4-tolu-cnossul-fonilo (p.46)	Der.de 2,4-dini-tro-fenilo (p.47)	Notas
Metilamina	-7		28	80	77	178	Normalmente
Etilamina	17			69	62	113	fornecidos em
2-Aminopropano	32			100	51	95	solução aquosa
1,1-Dimetiletilamina	46			134	114		Picrato,198 (p.47)
(t-Butilamina)							
Propilamina	49			85	52	97	
2-Propenilamina	58			óleo	64	76	Picrato,140 (p.47)
(Alilamina)							
1-Metilpropilamina	63			76	55		Picrato,140 (p.47)
(s-Butilamina)							
2-Metilpropilamina	69			57	78	94 (80)	
(Isobutilamina)							
Butilamina	77			42	65	90	Picrato,151 (p.47)
3-Metilbutilamina	96				65	91	Picrato,138 (p.47)
(Isopentilamina)							

Tabela 8. Aminas alifáticas primárias (cont.)

	P.e.	P.f.	Der. de etanoílo (p.46)	Der. de benzoílo (p.46)	Der.de 4-toluenossulfonilo (p.46)	Der.de 2,4-dinitrofenilo (p.47)	Notas
Pentilamina	104					81	Picrato,139 (p.47)
Etilenodiamina	116	8	172	249	160	306	
1,2-Propanodiamina (Propilenodiamina)	119		139	192	103		
Hexilamina	130			40		39	Picrato,127;benzenosulfonamida, 96 (p.46)
Ciclo-hexilamina	134		104	147	87	156	
1,3-Propanodiamina (Trimetilenodiamina)	136		126	147	148		
1,4-Butanodiamina (Tetrametilenodiamina)	159	27	137	177	224		
1-Amino-2-propanol (Isopropanolamina)	163					97	Picrato,142 Ver Tabela 3
2-Aminoetanol	171			88 di	óleo	90	Picrato,159 Ver Tabela 3
Benzilamina	184		60	106	116	116	
1-Feniletilamina	185		57	120		118	
3-Aminopropanol	188				56	131	Picrato, 222 Ver Tabela 3
2-Feniletilamina	197		51	116	64	154	
(-)-Mentilamina	205		145	156			Picrato,215 (p.47)
Dodecilamina	247	27			73	38	
Difenilmetilamina (Benzidrilamina)	303		146	172			
1,6-Hexanodiamina (Hexametilenodiamina)	204	42		155			Picrato,220 (p.47)

Tabela 9. Aminas aromáticas primárias (C, H, (O) e N)

	P.e.	P.f.	Der. de etanoílo (p.46)	Der. de benzoílo (p.46)	Der.de 4-toluenossulfonilo (p.46)	Der.de 2,4-dinitrofenilo (p.47)	Notas
Anilina	184		114	163	103	156	
2-Toluidina	200		109	144	110	120	
3-Toluidina	203		66	125	114	159	
2-Etilanilina	210		112	147			Picrato,194 (p.47)
2,4-Dimetilanilina	212		130	192	181	156	
2,5-Dimetilanilina	213	15	139	140	119 (232)	150	
2,6-Dimetilanilina	215		177	168	212		
4-Etilanilina	216		94	151	104		
2-Metoxianilina (o-Anisidina)	218	5	85	60	127	151	
3,5-Dimetilanilina	220		144	136			
2,3-Dimetilanilina	221		134	189			
2-Etoxianilina (o-Fenetidina)	228		79	104	164	164	
2,4,6-Trimetilanilina	229		216	204	167		
3-Etoxianilina (m-Fenetidina)	248		96	103	157		
2-Aminoacetofenona	250d	20	76	98	148		Ver Tabela 27

Tabela 9. Aminas aromáticas primárias (C, H, (O) e N) (cont.)

	P.e.	P.f.	Der. de etanoílo (p.46)	Der. de benzoílo (p.46)	Der.de 4-tolu-enossul-fonilo (p.46)	Der.de 2,4-dini-tro-fenilo (p.47)	Notas
3-Metoxianilina (*m*-Anisidina)	251		80		68	138	
4-Etoxianilina (*p*-Fenetidina)	254	2	135	173	106	118	
2-Aminobenzoato de metilo (Antranilato de metilo)	255d	25	101	100			Ver Tabela 19
4-(Dietilamino)anilina	262		104	172			
2-Aminobenzoato de etilo (Antranilato de etilo)	265d	13	61	98	112	164	Ver Tabela 19
4-Toluidina	201	45	153 (147)	158	118	136	
3,4-Dimetilanilina		48	99	118	154	141	
2-Fenilanilina		49	118	102			
1-Naftilamina		50	160	161	157	190	Cancerígeno
4-Fenilanilina		53	175	233	255		
4-(Dimetilamino)anilina		53	131	228			
4-Metoxianilina (*p*-Anisidina)		57	127	154	114	141	
2-Aminopiridina		58	71	169			
1,3-Fenilenodiamina		63	190 di 88* mono	240 di 125* mono	172	172	*Prepara-se mais facilmente que as diamidas
3-Aminopiridina		64	133	119			
2-Nitroanilina		71	93	98	115 (142)		Laranja
4-Aminodifenilamina		75	158	203		190	
4-Metil-3-nitroanilina		78	145	172	164		Amarelo
2,4-Diaminofenol		79	180 tri 220 di-N	253 di-N			
2,5-Dimetoxianilina		83	91	85	80	186	
4-Metil-1,2-fenileno-diamina (3,4-Diaminotolueno)		89	210	263	140 mono		
4-Aminobenzoato de etilo (Benzocaína)		90	110	148			Ver Tabela 19
2-Metil-6-nitroanilina		97	158	167	122		Laranja
3-Aminoacetofenona		99	128		130		Ver Tabela 27
4-Metil-1,3-fenileno-diamina (2,4-Diaminotolueno)		99	224	224	192	184	
1,2-Fenilenodiamina		102	186	301	202		
4-Aminoacetofenona		106	167	205	203		
2-Metil-5-nitroanilina		107	151	183			
2-Naftilamina		112	143	162	133	179	Cancerígeno
3-Nitroanilina		114	154	155	138	193	Amarelo
4-Metil-2-nitroanilina		117	96	148	166 (146)		Vermelho

Tabela 9. Aminas aromáticas primárias (C, H, (O) e N) (cont.)

	P.e.	P.f.	Der. de etanoílo (p.46)	Der. de benzoílo (p.46)	Der.de 4-toluenossulfonilo (p.46)	Der.de 2,4-dinitrofenilo (p.47)	Notas
3-Aminofenol		122	101 di 148 mono-N	153 di 174 mono-N	157 mono		Ver Tabela 31 Mono O-benzoílo,153
4,4'-Diaminodifenilo (Benzidina)		127	317 di 199 mono	352 di 203 mono	243		Cancerígeno
4,4'-Diamino-3,3'-dimetildifenilo (o-Tolidina)		129	314 di 103 mono	265 di 198 mono			Picrato,185 (p.47) Cancerígeno
2-Metil-4-nitroanilina		130	202	178	174		Amarelo claro
1,4-Fenilenodiamina		140	303 di 162 mono	338 di 128 mono	266	177	
Ácido 2-aminobenzóico (Ácido antranílico)		144	185	182	217		Ver Tabela 17
4-Nitroanilina		147	216	199	191	186	Amarelo
3,5-Dinitro-2-hidroxianilina (2-Amino-4,6-dinitrofenol, Ácido picrâmico)		168	201 N- 193 O-	230 N- 220 O-	191 N-		Vermelho Ver Tabela 31
2-Aminofenol		174d	124 di 201* mono	165 N- 185 O-	146 (139)		Ver Tabela 31 *Produto normal de acetilação
Ácido 3-aminobenzóico		174	250	248			Ver Tabela 17
2,4-Dinitroanilina		180	120	202	219		Amarelo; dá cor vermelha com NaOH dil. e propanona(acetona)
4-Aminofenol		184d	150 di 168 N-	234 di 216 N-	168 di 252 N- 142 O-		Ver Tabela 31
Ácido 4-aminobenzóico		186	252	278	223		Ver Tabela 17
2,4,6-Trinitroanilina		190	230	196			Amarelo

Tabela 10. Aminas aromáticas primárias (C,H,(O),N e Halogénio ou S)

	P.e.	P.f.	Der. de etanoílo (p.46)	Der. de benzoílo (p.46)	Der. de 4-toluenossulfonilo (p.46)	Der. de 2,4-dinitrofenilo (p.47)	Notas
4-Fluoroanilina	188		152	185			
2-Cloroanilina	208		88	99	105	150	
2-Cloro-4-metilanilina	223		118	138	103		
3-Cloroanilina	230		73	122	138	184	
2-Aminotiofenol	234	26	135	154			
2-Bromo-4-metilanilina	240	26	118	149			
4-Cloro-2-metilanilina	241	29	140	172	145		
3-Cloro-2-metilanilina	245		159	173			
2-Bromoanilina	250 (229)	32	100	116	90	161	
3-Bromoanilina	251	18	88	135		178	
3-Bromo-4-metilanilina	254	25	113	132			
4-Aminotiofenol	140 /16mm di 154 N-	46	144	180 N-			
2,5-Dicloroanilina	251	50	133	120			
4-Bromo-2-metilanilina	240	59	157	115			
2,4-Dicloroanilina		63	146	117	126	116	
4-Bromoanilina		66	167	202	101	158	
4-Cloroanilina		70	178	192	95	167	
2,4,6-Tricloroanilina		78	205	174			Insol. em HCl; preparar o sal de diazónio em etanol e H_2SO_4
4-Cloro-1,3-fenilenodiamina (2,4-Diaminoclorobenzeno)		88	243* di	178	215		*Derivado mono de etanoílo, 170
2-Bromo-4-nitroanilina		105	129	160			Amarelo
2-Cloro-4-nitroanilina		108	139	161	164		Amarelo
4-Bromo-2-nitroanilina		111	104	137			Laranja
4-Cloro-2-nitroanilina		116	104		110		Laranja
2,4,6-Tribromoanilina		119	232 mono 127 di	198			Insol. em HCl; preparar o sal de diazónio em etanol e H_2SO_4
4-Aminobenzenosulfonamida (Sulfanilamida)		165	219 4-N- 254 di	284 4-N- 268 di			Ver Tabela 33

Tabela 11. Aminas secundárias

	P.e.	P.f.	Der. de etanoílo (p.46)	Der. de benzoílo (p.46)	Der. de 4-toluenossulfonilo (p.46)	Der. de 2,4-dinitrofenilo (p.47)	Notas
Dimetilamina	7			42	79	87	Normal. em sol. aq.
Dietilamina	55			42	60	80	
Diisopropilamina	84						Picrato,140 (p.47)
Pirrolidina	89				123		Picrato,112 (p.47)
Piperidina	106			48	103	93	Miscível com água
Dipropilamina	110					40	Picrato,75 (p.47)
2-Metilpiperidina	117			45	55		Picrato,135 (p.47)
3-Metilpiperidina	124						Picrato,137 (p.47)
Morfolina	130			75	147		
Diisobutilamina	139		86			112	
N-Metilciclo-hexilamina	146			85			Picrato,170 (p.47)
2-Etilpiperidina	146						Picrato,133 (p.47)
Dibutilamina	159						Picrato,60 (p.47)
N-Metilanilina	194		101	63	95	167	Picrato, 145
N-Etilanilina	205		54	60	88	95	
N-Metil-3-toluidina	206		66				
N-Metil-2-toluidina	207		56	66	120	155	
N-Metil-4-toluidina	208		83	53	60		
N-Etil-2-toluidina	214			72	75	114	
N-Etil-4-toluidina	217			40	71	120	
N-Etil-3-toluidina	221			72			
1,2,3,4-Tetra-hidro-isoquinolina	233			46	129		Picrato,132 (p.47)
1,2,3,4-Tetra-hidro-quinolina	250	20		75			Picrato,200 (p.47)
Diciclo-hexilamina	254	20	103	153	119		Picrato,141 (p.47)
Di-(2-hidroxietil)amina (Dietanolamina)	270	28			99		Picrato,110 (p.47) Ver Tabela 3
Dibenzilamina	300			112	158	105	
Piperazina,hexa-hidrato		44*	134 di 52 mono	191 di 75 mono	173 mono		*Anidro,104; é solúvel em água, mas pouco em éter
Indole		52		68			Picrato,187
Difenilamina		54	101	180 (107)*	142		*Resolidifica a 135 e funde a 180
N-Fenil-1-naftilamina		62	115	152			
N-Fenil-2-naftilamina		108	93	148 (111)			
Carbazole		243	69	98	137		Fracamente básico

Tabela 12. Aminas terciárias

	P.e.	P.f.	Iodeto de metilo (p.47)	Picrato (p.47)	Notas
Trimetilamina	3		230	216	
Trietilamina	89		280	173	
Piridina	116		117	167	
2-Metilpiridina (α-Picolina)	129		230	169	
2-(Dimetilamino)etanol	135			96	
2,6-Dimetilpiridina (2,6-Lutidina)	143		238	161	
3-Metilpiridina (β-Picolina)	144		92	150	
4-Metilpiridina (γ-Picolina)	144		152	167	
2-Etilpiridina	149			187	
Tripropilamina	156		208	117	
2,4-Dimetilpiridina (2,4-Lutidina)	158		113	180	
2-(Dietilamino)etanol	161		249d	79	
4-Etilpiridina	164			168	
2-Cloropiridina	166				Sal do 4-toluenossulfonato de metilo,120 (p.47)
3,5-Dimetilpiridina (3,5-Lutidina)	170			238	
2,4,6-Trimetilpiridina (2,4,6-Colidina)	172			156	
N,N-Dimetil-2-toluidina	185		210	122	
N,N-Dimetilanilina	193		218*	162	*Sublima. Der. 4-nitroso,87 (p.47)
N-Etil-N-metilanilina	201		125	134	Der. 4-nitroso,66 (p.47)
N,N-Dimetil-4-toluidina	210		215*	130	*Sublima
Tributilamina	211		180	107	
N,N-Dimetil-3-toluidina	212		177	131	
N,N-Dietilanilina	216		104	142	Der. 4-nitroso,84 (p.47)
Quinolina	238		72*	203	*Hidrato;anidro,133
Isoquinolina	243	24	159	222	
N,N-Dipropilanilina	245		156	261	
2-Metilquinolina (Quinaldina)	247		195	191	
8-Metilquinolina	248		193	203	
6-Metilquinolina	258		219	234	
4-Metilquinolina (Lepidina)	262		174	212	
2,4-Dimetilquinolina	264		252	193	
4-(Dietilamino)benzaldeído		41			Amarelo;ver Tabela 5
4-Bromo-N,N-dimetilanilina		55	185		
2,6-Dimetilquinolina		60	244d	191	
4-(Dimetilamino)benzaldeído		74			Ver Tabela 5
8-Hidroxiquinolina		75	143	204	Ver também Tabela 31
Tribenzilamina		92	184	190	
2,3-Dimetil-1-fenilpirazol-5-ona (Fenazona, antipirina)		111		181	Der. 4-nitroso,200 Absorve bromo; dá cor laranja com $FeCl_3$ aq.
Trifenilamina		127			Não é básica;nitração em ácido etanóico dá o der. trinitro, 280
4,4'-Di-(dimetilamino)benzofenona (Cetona de Michler)		174	105	156	Oxima,233 (p.44) Ver Tabela 27
Hexametilenotetramina		280*	190	179	*Sublima

Tabela 13. Aminoácidos

	Temp. de decomp.	Der. de benzoílo (p.48)	Der. de 3,5-Dinitrobenzoílo (p.48)	Der. de 4-toluenossulfonilo (p.48)	Notas
N-Fenilglicina	126	63			Der. de etanoílo,194 (p.48)
(+) ou (-)-Oritina	140*	188 di 240 mono			*Frequentemente xaroposo Picrato,204 (p.48)
Ácido 2-aminobenzóico (Ácido antranílico)	144	182	278		Der. de etanoílo,185 (p.48); ver Tabelas 9 e 17
Ácido 3-aminobenzóico	174	248			Der. de etanoílo,250 (p.48); ver Tabelas 9 e 17
Ácido 4-aminobenzóico	186	278			Der. de etanoílo,252 (p.48); ver Tabelas 9 e 17
Ácido 3-aminopropanóico (β-Alanina)	196		202	117	
Ácido glutâmico	199	157		117	Der. de etanoílo,185 (p.48)
Ácido 4-aminofenilacético	200	205			Der. de etanoílo,170 (p.48)
Prolina	203*		217		*Mono-hidrato,190 Picrato,135
(+) ou (-)-Arginina	207	298 mono 235 di	150		Picrato,206 (p.48)
(+) ou (-)-Ácido glutâmico	211	138	217	131	
Sarcosina	212	103	154	102	
(+) ou (-)-Prolina	222	156		133	Picrato,154 (p.48)
(+) ou (-)-Lisina	224	149	169		Picrato,266 (p.48)
(+) ou (-)-Asparagina	226	189	196	175	
Serina	228	171 mono 124 di	95	213	
Glicina	232	187	179	147	Der. de etanoílo,206 (p.48)
Treonina	235	174* di 176* mono			*P.f. de mistura,145
Arginina	238	230*			*Hidrato,176 Picrato,201(mono); 196(di) (p.48)
(+) ou (-)-Cistina	260	181	180	201	
(+) ou (-)-Ácido aspártico	271	185		140	
Metionina	281 (272)	151		105	Der. de etanoílo,114 (p.48)
Fenilalanina	273	188	93	134	
Triptofano	275	188	240	176	
(+) ou (-)-Histidina	277	249	189	203	
Ácido 2-amino-2-metilpropiónico	280*	198			*Sublima
Ácido aspártico	280	165			
(+) ou (-)-Metionina	283	150	95		Der. de etanoílo,98 (p.48)
(+) ou (-)-Triptofano	289	176	233d	176	
Isoleucina	292	118		140	
Alanina	295	166	177	139	

Tabela 13. Aminoácidos (cont.)

	Temp. de decomp.	Der. de benzoílo (p.48)	Der. de 3,5-Dinitrobenzoílo (p.48)	Der. de 4-toluenossulfonilo (p.48)	Notas
(+) ou (−)-Alanina	297	151		133	
Valina	298	132	158	110	
Ácido 2-aminobutanóico	307	147	194		
(+) ou (−)-Valina	315	127	158	147	
Tirosina	318	197	254	224	
(+) ou (−)-Fenilalanina	320	146 mono-N	93	164	
Norleucina	327			124	
Leucina	332	141	187		.. de etanoílo,157
(+) ou (−)-Leucina	337	107*	187	124	*Hidrato, 60
(+) ou (−)-Tirosina	344	166		188	Der. de etanoílo,172 (p.48)
Ornitina		211 mono-N di 267d mono 188 di		119 mono-N di 188 mono	
Lisina		249 mono 145 di			Picrato,225d (mono) (p.48)

Tabela 14. Compostos Azo, Azoxi, Nitroso e Hidrazinas

	P.e.	Notas
N,N-Dimetil-hidrazina	63	Picrato,146 (p.47)
N,N'-Dimetil-hidrazina	81	Picrato,148 (p.47)
Fenil-hidrazina(p.f.19)	243	Der. de benzoílo,168; com benzaldeído --> hidrazona,158
	P.f.	
N,N-Difenil-hidrazina	34	Der. de benzoílo,192; der. de etanoílo,184; com benzaldeído --> hidrazona,122
Azoxibenzeno	36	Amarelo pálido. Aquecimento com H_2SO_4 conc. --> 4-hidroxiazobenzeno,152
4-Tolil-hidrazina	66	Der. de benzoílo,146; der. de etanoílo,131; com benzaldeído --> hidrazona,125
Nitrosobenzeno	68	Sólido incolor, que, ao fundir, fica verde. Com Sn+HCl --> anilina(p.58)
Azobenzeno	68	Cor laranja avermelhada. Pó de Zn+NaOH etanólica --> hidrazobenzeno,131
N,N-Dietil-4-nitroso-anilina	84	Verde escuro, forma cloreto amarelo; $KMnO_4$ --> N,N-dietil-4-nitroanilina,77
N,N-Dimetil-4-nitrosoanilina	85	Verde escuro, forma cloreto amarelo; $KMnO_4$ --> N,N-dimetil-4-nitroanilina,163
1-Nitroso-2-naftol	109	Laranja. Der. de benzoílo,114. HNO_3, frio, diluído --> der. 1-NO_2, 103
4-Nitosofenol	125d	Incolor. Anidrido etanóico a 100^0 --> der. de etanoílo, 107 (amarelo)

Tabela 14. Compostos Azo, Azoxi, Nitroso e Hidrazinas (cont.)

	P.f.	Notas
N,N'-Difenil-hidrazina (Hidrazobenzeno)	127	Der. dibenzoílo,162 (p.46)
4-Nitrosodifenilamina	145	Verde. Zn+ácido etanóico --> der. *p*-amino,66
1,2-Di-(2-hidroxifenil)-hidrazina (2,2'-Hidrazofenol)	148	Amarelo. Der. de benzoílo,186.Ver também Tabela 31
4-Hidroxiazobenzeno	152	Amarelo. Der. de etanoílo,84; der. de benzoílo,138 (p.43)
4-Nitrofenil-hidrazina	157d	Laranja. Picrato,119; benzaldeído -->hidrazona,192
2,4-Dinitrofenil-hidrazina	197d	Vermelho. Der. de etanoílo,197; der. benzoílo, 206

Tabela 15. Carbo-hidratos

	Temp. de decomp. aprox.	$[\alpha]_D$ (em água) Inicial	$[\alpha]_D$ (em água) Final	Ácido 4-N-glicosil-amino-benzóico (p.49)	Eta-noato* (p.48)	Osa-zona (p.49)	Notas
Melibiose, mono-hidrato	85	+111	+129		α147 β177	178	Dissacárido
D-Ribose	90	-21	-21	156		164	
D-Glicose, mono-hidrato	90	+112	+52	134	α112 β132	205d	Pentabenzoato, 179 (p.49)
Maltose, mono-hidrato	101	+111	+130		α125 β160	206	Dissacárido
D-Frutose	104	-132	-92		α 70 β109	205d	Pentabenzoato, 79 (p.49)
L-Ramnose, mono-hidrato	105	-8,6	+8,2	170	99	182	
L-Ramnose, anidra	123	-8,6	+8,2	170	99	182	
D-Manose	132	+29	+14	182	α 74 β115	205d	
D-Xilose	144	+93	+18	181	α 59 β126	160	
D-Glicose, anidra	146	+112	+52	134	α112 β132	205d	
D- ou L-Arabinose	160	-175 D- +190 L-	-105 D- +104 L-	192	α 94 β 86	166	
L-Sorbose	161	-43	-43		97	162	
Maltose, anidra	165	+111	+130		α125 β160	206	Dissacárido
D-Galactose	170	+150	+80	160	α 95 β142	196	
Sacarose	185	+ 66	+ 66		70	205	Dissacárido não redutor
Lactose, mono-hidrato	203	+90	+55		α152 β 90	200d	Dissacárido
Celobiose	225	+14	+35		α229 β192	200	Dissacárido

*A preparação da forma β descreve-se na página 48, mas dão-se os pontos de fusão de ambos os anómeros porque, às vezes, se forma uma pequena quantidade da forma α.

Tabela 16. Ácidos carboxílicos (C, H e O) e respectivos Cloretos de acilo, Anidridos e Nitrilos

	P.e.	P.f.	Cloreto P.e.	Anidrido P.e.	Nitrilo P.e.	Amida (p.49) P.f.	Anilida (p.49) P.f.	4-Tolui-dida (p.49) P.f.	Éster de 4-bromo-fenacilo (p.50) P.f.	Éster de 4-fenil-fenacilo (p.50) P.f.	Notas
Metanóico(Fórmico)	100	8					50*	53*	140**	74	*Por aquecimento do ácido com a amina. **Isola-se frequentemente ArCO-CH$_2$-OH; o éster funde a 99
Etanóico(Acético)	118	16	52	140	26	82	114	153 [147]	85	111	
Propanóico	140		80	168	97	81	106	126	61		
Propenóico(Acrílico)	140	13	75		78	84	104	141		102	Insaturado; polimeriza facilmente
Propinóico(Propiólico)	144d	18				61	87				Insaturado
2-Metilpropanóico(Isobutírico)	155		92	182	108	128	105	108	77	89	
2-Metilpropenóico(Metacrílico)	161	16	95		90	102	87				Insaturado
Butanóico(Butírico)	163		101	198	118	116	96	75	63	97	
2,2-Dimetilpropanóico(Piválico)	164	35	105	190	106	155	132	119	76	114	
2-Oxopropanóico(Pirúvico)	165	13				124	104	109			Ver Tabela 26
3-Butenóico(Vinilacético)	169 [163]		98			73	58		60		Insaturado
cis-2-Butenóico(Isocrotónico)	169	15				102	101	132	81	71	
2-Metilbutanóico	177		115	215	125	112	110	93	55	78	
3-Metilbutanóico(Isovalérico)	177		115	218	129	135	110	107	68	64	
Pentanóico(Valérico)	186		126	229	140	106	63	74	75	77	
2-Etilbutanóico	195		139		145	112	127	116		70	
4-Metilpentanóico(Isocapróico)	199				155	120	112	63	77	68	
Hexanóico(Capróico)	205		153	254	163	100	94	74	72	62	
Heptanóico	223		193	258	184	96	65	81	72	53	
2-Etil-hexanóico	227		88 20mm	150 8mm	75 9mm	102	89	107			
Octanóico(Caprílico)	237	16	195	281	205	106	57	70	66	67	
4-Oxopentanóico (Levulínico, levúlico)	245d	33				107	102	109	84		Ver Tabela 26
Nonanóico	254	12	215		224	101	57	84	69	71	

Tabela 16. Ácidos carboxílicos (C, H e O) e respectivos Cloretos de acilo, Anidridos e Nitrilos (cont.)

	P.e.	P.f.	Cloreto P.e.	Anidrido P.e.	Nitrilo P.e.	Amida (p.49) P.f.	Anilida (p.49) P.f.	4-Tolui-dida (p.49) P.f.	Éster de 4-bromo-fenacilo (p.50) P.f.	Éster de 4-fenil-fenacilo (p.50) P.f.	Notas
2-Fenilpropanóico	265		97 12mm		230	95					
Decanóico (Cáprico)	269	31	114 15mm	24*	245	108	70	78	66		*P.f.
10-Undecenóico (Undecilénico)	275	24			248	87	67	68	68	80	Insaturado
Undecanóico	280	28		37*		103	71	80	46	61	*P.f.
cis-9-Octadecenóico (Oleico)	286d	16		22*	330d	76	41	42	113	145	*P.f. Insaturado
2-Hidroxipropanóico (Láctico)	122 15mm	18			182	78	58	107			
Dodecanóico (Láurico)		44	145 18mm	42*	280	100	78	87	76	84	*P.f.
3-Fenilpropanóico (Hidrocinâmico)		48	225d		261	105 [82]	96	135	104	95	
trans-9-Octadecenóico (Elaídico, trans-oleico)		51		51*		93			65	73	*P.f. Insaturado
4-Fenilbutanóico (4-Fenilbutírico)		52	119 9mm			84			58	90	
Tetradecanóico (Mirístico)		54	174 16mm	54*	19*	102	84	93	81	90	*P.f.
Hexadecanóico (Palmítico)		62	12*	63*	31*	106	89	98	84	94	*P.f.
3-Metil-2-butenóico (ββ-Dimetilacrílico)		68	145		140	107			104	145	Insaturado
Octadecanóico (Esteárico)		70	22*	70*	43*	108	94	102	90	97	*P.f.
2-Butenóico (Crotónico)		72	126	246	118	158	118	132	96		Insaturado
Feniletanóico (Fenilacético)		76	210	72*	232	157	118	136	89	63d	*P.f.
2-Hidroxi-2-metilpropanóico (α-Hidroxiisobutírico)		79				98	136	133			
Hidroxietanóico (Glicólico)		80		128*	183	120	97	143	138		Freq. xaroposo. *P.f.

Ácido								
Metilmaleico(Citracónico)	92d				185		109	
Pentanodióico(Glutárico)	98	95 18mm		286	175	176 di 153 mono	170 mono	137	152	*P.f.
Fenoxietanóico	99	218	56*	286	175	224	218	137	152	*P.f.
2-Carboxi-2-hidroxipentanodióico, mono-hidrato(Cítrico,mono-hid.)	100	225	67*	239	101	99	189	149	146	Aquecimento a 130° --> ácido anidro, 153
Etanodióico, di-hidrato (Oxálico, di-hidrato)	100				210	199		148		
	100	64			419 di 219 mono	246 di 148 mono	268 di 169 mono	242	166	Aquecimento --> ácido anidro, 189
(-)-Hidroxisuccínico(Málico)	100				156	197	207	179	106	
2-Metoxibenzóico(o-Anísico)	100	254		24*	129	78		113	131	*P.f.
Heptanodióico(Pimélico)	104				175	156 di 108 mono	206	137	146d	
2-Toluico	105	212	39*	205	142	125	144	57	95	*P.f.
Nonanodióico(Azelaico)	106	166 18mm			175 di 94 mono	187 di 107 mono	200	131	141	
3-Toluico	111	218	71*	212	96	126	118	108	137	*P.f.
3-Benzoilpropanóico	116				125	150		98		Ver Tabela 26
3-Hidroxi-2-fenilpropanóico (Trópico)	117				169					Etanoato, 88 (p.43)
2-Hidroxi-2-feniletanóico (Mandélico)	118			21*	133	151	172	113		*P.f.
Benzóico	122	197	42*	191	128	163	158	119	167	*P.f.
2-Benzoilbenzóico	128*	70**		83**	165	195				*Mono-hidrato, 91. Ver Tabela 26. **P.f.
cis-Butenodióico(Maleico)	130 [139]	60*	56*	31*	266 di 181 mono	187	142	168	168	*P.f. Insaturado

Tabela 16. Ácidos carboxílicos (C, H e O) e respectivos Cloretos de acilo, Anidridos e Nitrilos (cont.)

		Cloreto	Anidrido	Nitrilo	Amida (p.49)	Anilida (p.49)	4-Tolui-dida (p.49)	Éster de 4-bromo-fenacilo (p.50)	Éster de 4-fenil-fenacilo (p.50)	Notas
	P.f.	P.e.	P.e.	P.e.	P.f.	P.f.	P.f.	P.f.	P.f.	
Propanodióico (Malónico)	133d			219	170 di 50	225	252		175	
Decanodióico (Sebácico)	133	182 16mm			mono 210 di 170 mono	200 di 122	201	147	140	
3-Fenilpropenóico (Cinâmico)	133	35*	136*	255 20*	147	151	168	146	183	Insaturado *P.f.
Furóico	133	173	73*	146	142	124	108	139	91	*P.f.
1-Naftiletanóico (1-Naftilacético)	133	188 23mm		183	181	155		112		
2,4-Hexadienóico (Sórbico)	134	78 15mm			168	153		129	141	Insaturado
2-(Etanoiloxi)benzóico (Acetilsalicílico, aspirina)	135		43*		138	136				*P.f.
3-Fenilpropinóico (Fenilpropiólico)	137	116 17mm		41*	100	126	142			Insaturado. *P.f.
meso-Di-hidroxibutanodióico (meso-Tartárico)	140			131*	190	193 mono				*P.f.
Octanodióico (Subérico)	142	162 15mm	65*	72*	216 di 125 mono	187 di 128 mono	219	144	151	*P.f.
3,4,5-Trimetoxibenzóico	144				184	154		129		
Difeniletanóico	148	56*	98*		168	180	172	112	111	*P.f.
Benzílico (Difenilglicólico)	150	193 27mm			154	175	189	152	122	

Composto								Observações
3-Carboxi-3-hidroxipentanodióico, anidro (Cítrico)	153			210*	199*	189*	148	146	*De amina e éster por aquecimento prolongado
Hexanodióico (Adípico)	153	130 18mm		220 di 126 mono 177	238 di 151 mono	241	155	148	
			295						
2-Hidroxi-5-metilbenzóico (5-Metilsalicílico)	153						142		Ver Tabela 30
2-Hidroxibenzóico (Salicílico)	158		98*	139	135	156	140	148	Ver Tabela 30. *P.f.; der. 5-NO$_2$ (use o método (i) (p.52)), 228
1-Naftóico	161	20*	145*	202	163		135	126	*P.f.
2-Hidroxi-3-metilbenzóico (3-Metilsalicílico)	163		35*	112		164			Ver Tabela 30
Metilenobutanodióico (Itacónico)	165			192	190*		117		*Por aquecimento do ácido com excesso de amina. Insaturado
4-t-Butilbenzóico	165			173					
Fenilbutanodióico	167			211	222				
(+)-Di-hidroxibutanodióico ((+)-Tartárico)	169			195 di 171 mono 294d	264 di 180 mono	216	204d		Dibenzoato, 90
Butinodióico (Acetilenodicarboxílico)	179								Insaturado
4-Toluico	180	214	95*	160	144	160	153	165	*P.f.
3,4-Dimetoxibenzóico (Verátrico)	181			164	154		124		
4-Metoxibenzóico (p-Anísico)	184	22*	99*	163	169	186	152	160	*P.f.
2-Carboxifeniletanóico (Homoftálico)	185		141*	228	232				*P.f.
2-Naftóico	185	43*	133*	192	171	191	211	183	*P.f.
Butanodióico (Succínico)	185	20*	119*	260 di 157 mono 192 di 177 mono	230 di 148 mono 226 di 204 mono	255 di 179 mono	211	208	*P.f.
(+)-Canfórico	187								

Tabela 16. Ácidos carboxílicos (C, H e O) e respectivos Cloretos de acilo, Anidridos e Nitrilos (cont.)

	P.f.	Cloreto P.e.	Anidrido P.e.	Nitrilo P.e.	Amida (p.49) P.f.	Anilida (p.49) P.f.	4-Toluidida (p.49) P.f.	Éster de 4-bromo-fenacilo (p.50) P.f.	Éster de 4-fenil-fenacilo (p.50) P.f.	Notas
Etanodióico,anidro(Oxálico)	188	64			419 di 219 mono 202	246 di 148 mono 154	268 di 169 mono	242	166	
1-Hidroxi-2-naftóico	195	85*								*P.f. Etanoato,158 Ver Tabela 30
3-Hidroxibenzóico	200			82*	170	156	163	176 (168)		*P.f. Ver Tabela 30
3,4-Di-hidroxibenzóico (Protocatechuico)	200d			156*	212	166				*P.f. Ver Tabela 30
2,5-Di-hidroxibenzóico(Gentísico)	200	98*			218					*P.f. Ver Tabela 30
Benzeno-1,2-dicarboxílico(Ftálico)	200d	275	131*	141*	220**	254 di 170 mono	201 di 155 mono	153	167	Perde água perto do p.f. e forma anidrido. *P.f. **Perde NH$_3$ perto do p.f. e forma imida, 233 Dibenzoato,112
Di-hidroxibutanodióico (Tartárico)	205				226	235				
4-Hidroxibenzóico	213			113*	162**	196**	204**	191	240	*P.f. **Difícil de preparar. Ver Tabela 30
2,4-Di-hidroxibenzóico (β-Resorcílico)	213d			175*	222	126				*P.f. Ver Tabela 30
Galactárico(Múcico)	214d				220 di 192 mono			225	149d	Tetraetanoato,266 (p.43)
3-Hidroxi-2-naftóico	222	95*		188*	217	243	221			*P.f. Etanoato,184 Ver Tabela 30
3,5-Di-hidroxibenzóico (α-Resorcílico)	233									Ver Tabela 30
3,4,5-Tri-hidroxibenzóico (Gálhico)	240d				245* (189)	207*		134	198d	*Difícil de preparar Ver Tabela 30

trans-Butenodióico (Fumárico)	287*	160					*Num tubo selado; sublima a 200. Insaturado. **P.f.
Benzeno-1,4-dicarboxílico(Tereftálico)	>300*	83**		222**	267	314	256d	*Sublima. **P.f.
Benzeno-1,3-dicarboxílico(Isoftálico)	345	41*		162*	>350d	334	225	*P.f.
					280	250	179	
							280	

Tabela 17. Ácidos carboxílicos (C, H, O e Halogénio, N ou S)

	P.e.	P.f.	Amida (p.49)	Anilida (p.49)	4-Tolui-dida (p.49)	Éster de 4-bromo-fenacilo (p.50)	Éster de 4-fenil-fenacilo (p.50)	Notas
Trifluoretanóico(Trifluoroacético)	72		74	91				Cloreto do ácido, p.e. -27
Tioacético	93		108	76	130			Amarelo pálido;cheiro desagradável
Fluoretanóico	167	31	108					
2-Cloropropanóico	186		80	92	124			
Dicloroetanóico	194	5	98	125	153	99		
2-Bromopropanóico	203		123	99	125			
2-Bromobutanóico(2-Bromobutírico)	217d	25	112	98	92			
Mercaptoetanóico(Tioglicólico)	123/29mm		52	111	125			
3-Cloropropanóico		40	101					
2-Bromo-3-metibutanóico		44	133	116	124			
2-Bromo-2-metilpropanóico		48	148	83	93			
Bromoetanóico	208	50	91	131	91			
Tricloroetanóico	196	57	141	94	113			
Cloroetanóico		63	120	137	162	105	116	
Cianoetanóico		66	123	198				
Iodoetanóico		83	95	143				
2-Hidroxi-3-nitrobenzóico (3-Nitrosalicílico)-hidrato		125	145		165			
Piridina-2-carboxílico(2-Picolínico)	138		107	76	104			
2-Cloro-4-nitrobenzóico	139		172	168				
3-Nitrobenzóico	140		142	154	162	137	153	
2-Nitrofeniletanóico	141		161					
4-Cloro-2-nitrobenzóico	142		172	131	131	106	123	
2-Clorobenzóico	142		142	118				
2-Hidroxi-3-nitrobenzóico, anidro	144		145					
2-Aminobenzóico(Antranílico)	144		109	131	151	172*		*São precisas duas moles de reagente para formar este derivado. Ver Tabelas 9 e 13
2-Nitrobenzóico	146		175	155	203	107	140	
2-Bromobenzóico	150		155	141		102	98	

Tabela 17. Ácidos carboxílicos (C, H, O e Halogénio, N ou S) (cont.)

	P.e.	P.f.	Amida (p.49)	Anilida (p.49)	4-Tolui-dida (p.49)	Éster de 4-bromo-fenacilo (p.50)	Éster de 4-fenil-fenacilo (p.50)	Notas
4-Nitrofeniletanóico		152	198	198	210	207		
3-Bromobenzóico		155	155	146		126	155	
3-Clorobenzóico		158	134	124		117	154	
2-Iodobenzóico		162	184	142		110	143	
2,4-Diclorobenzóico		164	194	165 (153)	168			HNO_3 conc.+H_2SO_4-->der. 3,5-dinitro, 212
5-Bromo-2-hidroxibenzóico		165	232	222				Etanoato,168 (p.59)
4-Nitroftálico		165	200d	192	172		120	
2-Mercaptobenzóico		165						Etanoato,125 (p.59)
3-Aminobenzóico		174	111	140		190*		Ver Tabelas 9 e 13
4-Cloro-3-nitrobenzóico		181	156	131				
4-Fluorobenzóico		182	154					
2,4-Dinitrobenzóico		183	203			158		
4-Aminobenzóico		186	114			200*		Ver Tabelas 9 e 13 *Veja em ácido 3-aminobenzóico
3-Iodobenzóico		187	186			128	147	
N-Benzoilglicina(Hipúrico)		187	183	208		151	163	
3,5-Dinitrobenzóico		204	183	235	280	159	154	Cloreto de acilo, 70
3-Nitroftálico		218	201d	234	224	166	149	Anidrido,162
2-Hidroxi-5-nitrobenzóico		229	225	224				
Piridina-3-carboxílico(Nicotínico)		237	122	132*	150			*De benzeno; de água, 85
3-(2-Nitrofenil)propenóico(2-Nitrocinâmico)		239	185					Insaturado
4-Nitrobenzóico		240	201	211	203	142	146	Cloreto de acilo, 75
4-Clorobenzóico		241	179	194		134	182	
4-Bromobenzóico		251	189	197		126	160	
4-Iodobenzóico		265	217	210		134	160	
3-(4-Nitrofenil)propenóico(4-Nitrocinâmico)		285	217			146	171	Insaturado
Piridina-4-carboxílico(Isonicotínico)		324*	155			191	192	*Sublima

Tabela 18. Enóis

	P.e.	Semi-carba-zona (p.50)	2,4-Dini-trofenil-hidrazona (p.50)	Cor com FeCl$_3$aq.	Notas
2,4-Pentanodiona (Acetilacetona)	139	107*	122* 209 di	Vermelha	*Der. de pirazole. Ver Tabela 26
3-Oxobutanoato de metilo (Acetoacetato de metilo)	170	152	119	Vermelha	Ver Tabela 26
3-Oxobutanoato de etilo (Acetoacetato de etilo)	181d	133	96	Vermelha	Ver Tabela 26
3-Oxopentanodioato de etilo (Acetonadicarboxilato de etilo)	250	94	86	Vermelha	Ver Tabela 26
1-Fenil-1,3-butanodiona (Benzoilacetona)	P.f. 61		151	Vermelha	Ver Tabela 26
1,3,5-Tri-hidroxibenzeno (Floroglucinol)	217			Violeta*	*Cor transiente. Picrato,101 Ver Tabela 30

Tabela 19. Ésteres carboxílicos

	P.e.	Notas
Metanoato de metilo	32	
Metanoato de etilo	54	
Etanoato de metilo	57	
Metanoato de isopropilo	68	
Etanoato de vinilo	72	Insaturado; polimeriza facilmente
Clorometanoato de metilo	73	Átomo de cloro muito reactivo
Etanoato de etilo	77	
Propanoato de metilo	79	
Metanoato de propilo	81	
Metanoato de 2-propenilo	83	Insaturado
Propenoato de metilo	85	Insaturado; polimeriza facilmente
Etanoato de isopropilo	91	
2-Metilpropanoato de metilo	92	
Clorometanoato de etilo	93	Átomo de cloro muito reactivo
Metanoato de 2-metilpropilo	98	
Propanoato de etilo	98	
Etanoato de 2-metilpropilo	98	
2-Metilpropenoato de metilo	99	Insaturado; polimeriza facilmente
Etanoato de propilo	101	
Propenoato de etilo	101	Insaturado; polimeriza facilmente
Butanoato de metilo	102	
Etanoato de 2-propenilo	103	Insaturado
Metanoato de butilo	107	
2-Metilpropanoato de etilo	110	
Etanoato de 2-butilo	111	
3-Metilbutanoato de metilo	116	
Butanoato de etilo	120	

Tabela 19. Ésteres carboxílicos (cont.)

	P.e.	Notas
Metanoato de 3-metilbutilo	123	
Etanoato de butilo	125	
Pentanoato de metilo	130	
Clorometanoato de 2-metilpropilo	130	Átomo de cloro muito reactivo
Cloroetanoato de metilo	130	Átomo de cloro muito reactivo
2-Oxopropanoato de metilo	136	2,4-Dinitrofenil-hidrazona,187 (p.44). Ver Tabela 26
2-Butenoato de etilo	138	Insaturado
Etanoato de 3-metilbutilo	142	
Bromoetanoato de metilo	144d	Átomo de bromo muito reactivo
Cloroetanoato de etilo	145	Átomo de cloro muito reactivo
2-Cloropropanoato de etilo	146	Átomo de cloro muito reactivo
Hexanoato de metilo	150	
2-Oxopropanoato de etilo	155	Semicarbazona,206d (p.44); 2,4-dinitrofenil-hidrazona,155 (p.44)
Bromoetanoato de etilo	159	Átomo de bromo muito reactivo
2-Bromopropanoato de etilo	162	Átomo de bromo muito reactivo
Hexanoato de etilo	166	
Tricloroetanoato de etilo	167	
3-Oxobutanoato de metilo	170	Cor vermelha com $FeCl_3$ aq.; semicarbazona,152 (p.44); ver Tabela 26
Heptanoato de metilo	173	
3-Bromopropanoato de etilo	179	
2-Furoato de metilo	181	
Propanodioato de dimetilo	181	
3-Oxobutanoato de etilo	181	Cor vermelha com $FeCl_3$ aq.; semicarbazona,129 (p.44); ver Tabela 26
Etanodioato de dietilo	186	
Octanoato de metilo	193	
Butanodioato de dimetilo	195	
4-Oxopentanoato de metilo	196	Ver Tabela 26
Etanoato de fenilo	196	
Benzoato de metilo	198	
Propanodioato de dietilo	199	
Cianoetanoato de metilo	200	
γ-Butirolactona	204	
4-Oxopentanoato de etilo	205	Semicarbazona,135 (p.44)
cis-Butenodioato de dimetilo	205	Insaturado
Octanoato de etilo	206	
γ-Pentanolactona	207	
Benzoato de etilo	212	
Etanoato de benzilo	214	
trans-Butenodioato de dietilo	216	Insaturado
Butanodioato de dietilo	216	
Feniletanoato de metilo	220	
2-Hidroxibenzoato de metilo	224	Ver Tabela 30
cis-Butenodioato de dietilo	225	Insaturado
(-)-Etanoato de mentilo	227	
Feniletanoato de etilo	227	
2-Hidroxibenzoato de etilo	233	Ver Tabela 30
Hexanodioato de dietilo	245	
10-Undecilenoato de metilo	248	Insaturado
3-Oxopentanodioato de dietilo	250	Cor vermelha com $FeCl_3$ aq.; semicarbazona,94 (p.44); ver Tabela 26
2-Aminobenzoato de metilo	255d	Ver Tabela 9

Tabela 19. Ésteres carboxílicos (cont.)

	P.e.	Notas
Trietanoato de glicerilo	258	
Monoetanoato de glicerilo	260	
3-Fenilpropenoato de metilo(p.f.33)	263	Insaturado
2-Aminobenzoato de etilo	265d	Ver Tabela 9
Benzoiletanoato de etilo	265	Ver Tabelas 18 e 26
3-Fenilpropenoato de etilo(p.f.12)	271	Insaturado
Di-hidroxibutanodioato de dietilo(p.f.17)	280	
1,2-Benzenodicarboxilato de dimetilo	282	
1,2-Benzenodicarboxilato de dietilo	298	
1,3-Benzenodicarboxilato de dietilo	302	
Benzoato de benzilo	323	
1,2-Benzenodicarboxilato de dibutilo	338	
Octadecanoato de metilo(p.f.38)	214/15mm	

	P.f.	
1,3-Dietanoato de glicerilo	40	
1,2-Benzenodicarboxilato de dibenzilo	42	
2-Hidroxibenzoato de fenilo	42	Ver Tabela 30
1,4-Benzenodicarboxilato de dietilo	43	
(+)-Di-hidroxibutanodioato de dimetilo	48	
Etanoato de 1-naftilo	49	
Etanodioato de dimetilo	52	
4-Nitrobenzoato de etilo	56	
1,3-Benzenodicarboxilato de dimetilo	67	
Benzoato de fenilo	68	
3-Hidroxibenzoato de metilo	70	Cor violeta com $FeCl_3$ aq.
Etanoato de 2-naftilo	70	
Triestearato de glicerilo	71	
3-Nitrobenzoato de metilo	78	
4-Aminobenzoato de etilo	90	Ver Tabela 9
4-Nitrobenzoato de metilo	96	
trans-Butenodioato de dimetilo	102	Insaturado
4-Hidroxibenzoato de etilo	115	Cor violeta com $FeCl_3$ aq. .Ver Tabela 30. Benzoato,89 (p.59)
4-Hidroxibenzoato de metilo	131	Cor violeta com $FeCl_3$ aq. Ver Tabela 30. Benzoato,135 (p.59)
1,4-Benzenodicarboxilato de dimetilo	140	

Tabela 20. Ésteres fosfóricos. A hidrólise do éster (p.51) dá um álcool ou um fenol que devem ser identificados da maneira habitual

	P.e.
Fosfato de trimetilo	197
Fosfato de trietilo	215
Fosfato de tripropilo	138/47mm
Fosfato de tri-2-tolilo	265/20mm
Fosfato de tributilo	157/10mm

	P.f.
Fosfato de trifenilo	50
Fosfato de tribenzilo	64
Fosfato de tri-4-tolilo	78
Fosfato de tri-2-fenilfenilo	113

Tabela 21. Éteres

	P.e.	3,5-Dinitro-benzoato de alquilo P.f. (p.52)	Complexo do ácido pícrico (p.52)	Sulfonamida (p.53) Posição	Sulfonamida (p.53) P.f.	Der. nitro (p.52) Posição	Der. nitro (p.52) P.f.	Método	Notas
Éter dietílico	35	93							
Éter clorometil-metílico	59		163						
Tetra-hidrofurano	65								
Éter diisopropílico	68	122							
Éter dipropílico	90	75							
Éter di(2-propenílico)	94	50							Insaturado
Dioxano	101	11							Miscível com água
1-Cloro-2,3-epoxipro-pano(Epicloridrina)	116								NaOH em etanol fervente + fenol --> Éter difenílico do glicerol, 81
Éter di(1-metil-propílico)	121	76							
Éter di(2-metil-propílico)	122	88							
2-Etoxietanol(Éter monoetílico do etilenoglicol)	135	75							Miscível com água
Éter dibutílico	142	64							
Metoxibenzeno (Anisole)	154			4	111	2,4	94* 87*	i	* Duas formas cristalinas
2-Metoxitolueno	171	69	117	5	137	3,5	69	iv	
Etoxibenzeno (Fenetole)	172		92	4	149	4	59	iii	
Éter benzilmetílico	172		116						
4-Metoxitolueno	176		89	3	182	3,5	122	ii	
3-Metoxitolueno	177		114	6	130	2 2,4,6	54 94	v i	
2-Clorometoxiben-zeno	195			4	130	4	95	iii	
4-Clorometoxiben-zeno (p-Cloroanisole)	198			2	151	2	98	iii	
1,2-Dimetoxiben-zeno (Veratrole)	207	22	56	4	136	4 4,5	95 132	v ii	
1,3-Dimetoxibenzeno	217		57	4	166	2,4,6	124	ii	
Éter 2-bromofenil-etílico (o-Bromofenetole)	218			4	134	4	98	iii	
2-Bromometoxiben-zeno (o-Bromoanisole)	218			4	140	4	106	iii	
4-Bromometoxiben-zeno (p-Bromoanisole)	223	12		2	148	2	88	iii	
1,2-Metilenodi-oxi-4-(2-pro-penil)benzeno(Safrole)	232	11	104			1,3,5	51	iii	Insaturado; Br_2 em éter --> der. penta-bromo,169 (p.53)

Tabela 21. Éteres (cont.)

	P.e.	3,5-Dinitro-benzoato de de alquilo P.f. (p.52)	Complexo do ácido pícrico (p.52)	Sulfonamida (p.53) Posição P.f.		Der. nitro (p.52) Posição P.f.		Método	Notas
4-(1-Propenil)metoxiben-zeno(Anetole)	235	21	70						Insaturado; der. tri-bromo,108 (p.53) CrO_3- ácido eta-nóico --> ácido 4-me-toxibenzóico,184 (p.44)
Éter difenílico	259	28	110	4,4'	159	4,4'	144	iii	
1-Metoxinaftaleno	271		130	4	156	2,4,5	128	iii	
1-Etoxinaftaleno	280	5	119	4	164	2,4,5	149	iii	
Éter dibenzílico	295d	3	112	78					Der. dibromo,107 (p.53)
1,2,3-Trimetoxiben-zeno	241	47		81	2,3,4	123	5	106	ii
1,4-Dimetoxibenzeno	212	56		48	2	148	2	72	i
2-Metoxinaftaleno		72		117	8	151	1,6,8	215d	iii

Tabela 22. Haletos (mono) de alquilo

	Clo-reto P.e.	Bro-meto P.e.	Io-deto P.e.	Picrato de tio-urónio (p.53) P.f.	Éter 2-naftí-lico (p.53) P.f.	Picrato do éter 2-naftí-lico (p.54) P.f.	Notas
Metilo	-24	4	43	224	72	118	
Etilo	12	38	72	188	37	102	
2-Propilo	36	60	89	196	41	95	
2-Propenilo	46	70	102	154	16	99	Insaturado
Propilo	46	71	102	177	40	81	
1,1-Dimetiletilo(t-Butilo)	51	72	98	151			
1-Metilpropilo(s-Butilo)	67	90	120	166	34	86	
2-Metilpropilo(Isobutilo)	68	91	120	167	33	84	
Butilo	77	101	130	177	33	67	
3-Metilbutilo(Isopentilo)	100	119	147	173	28	94	
Pentilo	107	128	155	154	25	66	
1-Cloro-2,3-epoxipropano (Epicloridrina)	116						Ver Tabela 21
Hexilo	134	156	180	157			
Ciclo-hexilo	142	166	180d		116		
Heptilo	160	178	203	142			
Benzilo	179	198	24*	187	102	122	*P.f.
Octilo	183	203	225	134			
2-Feniletilo	190	218		139	70	83	
1-Feniletilo	195	205		167			
2-Clorobenzilo	214	102 9mm		213			CrO_3 --> ácido 2-clorobenzóico, 142 (p.44)
3-Clorobenzilo	215	109 10mm		200			CrO_3 --> ácido 3-clorobenzóico,158.

Tabela 22. Haletos (mono) de alquilo (cont.)

	Cloreto P.e.	Brometo P.e.	Iodeto P.e.	Picrato de tiourónio (p.53) P.f.	Éter 2-naftílico (p.53) P.f.	Picrato do éter 2-naftílico (p.54) P.f.	Notas
2-Bromobenzilo	125 20mm	31*	47*	222			*P.f. CrO_3 --> ácido 2-bromobenzóico,150
3-Bromobenzilo	119 18mm	41*	42*	205			*P.f. CrO_3 --> ácido 3-bromobenzóico,155
4-Clorobenzilo	214	51*	64*	194			*P.f. CrO_3 --> ácido 4-clorobenzóico,241
	P.f.	P.f.	P.f.				
3-Nitrobenzilo	45	58	84				$KMnO_4$ --> ácido 3-nitrobenzóico,141
2-Nitrobenzilo	48	46	75				$KMnO_4$ --> ácido 2-nitrobenzóico,146
4-Bromobenzilo	50	63	80	219			CrO_3 --> ácido 4-bromobenzóico,251
4-Nitrobenzilo	71	99	127				$KMnO_4$ --> ácido 4-nitrobenzóico,240

Tabela 23. Haletos (poli) de alquilo

	P.e.	Picrato de tiourónio (p.54)	Éter 2-naftílico (p.54)	Notas
Diclorometano (Dicloreto de metileno)	42	267	133	
trans-1,2-Dicloroeteno	48			Insaturado. Dibrometo,192
cis-1,2-Dicloroeteno	60			Insaturado. Dibrometo,192
1,1-Dicloroetano (Dicloreto de etilideno)	60		200	
Triclorometano(Clorofórmio)	61			Forma carbilamina com aminas prim. e KOH em etanol fervente
Tetracloreto de carbono	77			Forma carbilamina(como acima)
1,2-Dicloroetano	83	260	217	
Tricloroeteno	90			Insaturado. Os átomos de cloro não são reactivos
Dibromometano	97	267	133	
1,2-Dicloropropano	98	232	152	
1-Bromo-2-cloroetano	106		217	
1,1-Dibromoetano	112			
Tetracloroeteno	121		117	Insaturado. Os átomos de cloro não são reactivos
1,3-Dicloropropano	123	229	148	
1,2-Dibromoetano(p.f.10)	132	260	217	
1,2-Dibromopropano	141	232	152	
1,1,2,2-Tetracloroetano	147			

Tabela 23. Haletos (poli) de alquilo (cont.)

	P.e.	Picrato de tiourónio (p.54)	Éter 2-naftílico (p.54)	Notas
Tribromometano (Bromofórmio)	149			Forma carbilamina(ver clorofórmio)
1,3-Dibromopropano	167	229	148	
Diiodometano	180		133	
(Diclorometil)benzeno (Cloreto de benzal)	212			H_2SO_4 conc. a 50^0 --> benzaldeído, que se pode caracterizar como a 2,4-dinitrofenil-hidrazona,237
Triclorometilbenzeno	221			Aquecimento com Na_2CO_3 --> ácido benzóico,122
1,5-Dibromopentano	221	247		
		P.f.		
1,2-Diiodietano	82	260	217	
Tetrabrometo de carbono	91			
Triiodometano(Iodofórmio)	119			Amarelo. Com quinolina em éter --> composto, 65
Hexacloroetano	187*			*Sublima. Cheiro a cânfora

Tabela 24. Haletos de arilo

	P.e.	P.f.	Sulfonamida(p.54) Posição	P.f.	Der. nitro(p.55) Posição	P.f.	Método	Notas
Fluorobenzeno	85		4	125	4	27	ii	
2-Fluorotolueno	114		5	105				
3-Fluorotolueno	116		6	173				
4-Fluorotolueno	117		2	141				
Clorobenzeno	132		4	143	2,4	52	ii	
Bromobenzeno	156		4	162	2,4	75	ii	
2-Clorotolueno	159		5	126	3,5	64	ii	
3-Clorotolueno	162		6	185	4,6	91	ii	
4-Clorotolueno	162		2	143	2,6	76	i	
1,3-Diclorobenzeno	173		4	180	4,6	103	ii	
1,2-Diclorobenzeno	179		4	135	4,5	110	ii	
2-Bromotolueno	181		5	146	3,5	82	ii	
3-Bromotolueno	184		6	168	4,6	103	i	
4-Bromotolueno	185	28	2	165	2	47	iii	
Iodobenzeno	188				4	174	i	Br_2+Fe --> der. 4-bromo,91
2,4-Diclorotolueno	197		5	176	3,5	104	ii	
2,6-Diclorotolueno	199		3	204	3,5	121	ii	
3-Iodotolueno	204				6	84	i	
2-Iodotolueno	211				6	103	ii	
4-Iodotolueno	211	35						HNO_3 a ferver (3 horas)--> ácido,265
Cloreto de 2-clorobenzilo	214							Ver Tabela 22
Cloreto de 4-clorobenzilo	214	29						Ver Tabela 22
1,2,4-Triclorobenzeno	214	17	5	>200	3,5	103	ii	

Tabela 24. Haletos de arilo (cont.)

	P.e.	P.f.	Sulfonamida(p.54) Posição	P.f.	Der. nitro(p.55) Posição	P.f.	Método	Notas
1-Fluoronaftaleno	214							Der. ácido pícrico,113 (p.55)
Cloreto de 3-clorobenzilo	215							Ver Tabela 22
1,3-Dibromobenzeno	219		4	190	4,6	117	iii	
1,2-Dibromobenzeno	224		4	175	4,5	114	ii	
1-Cloronaftaleno	260		4	186	4,5	180	iii	
1-Bromonaftaleno	281		4	192	4	85	iii	Der. ácido pícrico,134
Brometo de 3-bromobenzilo		41						Ver Tabela 22
1,4-Diclorobenzeno	174	53	2	180	2	56	iii*	*Sem arrefecimento
1,2,3-Triclorobenzeno	218	53	4	227	4	56	ii	
2-Cloronaftaleno		60	8	232	1,8	175	ii*	*6 horas a 100⁰
Brometo de 4-bromobenzilo		63						Ver Tabela 22
1,3,5-Triclorobenzeno		63	2	212d	2	68	ii	
4-Bromoclorobenzeno		67			2	72	iii*	*Sem arrefecimento
1,4-Dibromobenzeno		87	2	195	2	84	iii*	*Sem arrefecimento
1,3,5-Tribromobenzeno		120	2	222d	2,4	192	ii	
1,2,3,4-Tetraclorobenzeno		139	3 3,6	99 227				

Tabela 25. Hidrocarbonetos

	P.e.	P.f.	Sulfonamida (p.56)	Der. nitro(p.52) Posição	P.f.	Método	Der. do ácido pícrico (p.56)	Notas
2-Metil-1,3-butadieno (Isopreno)	34							Insaturado; polimeriza facilmente; comp. ad. anidrido maleico, 64 (p.55)
1-Pentino	40							Insaturado. Der. de Hg,118 (p.56)
Ciclopentadieno	40							Insaturado.Comp. com anidrido maleico,164 (p.55). Forma dímero com o tempo, p.e.170d, p.f.32
1,3-Pentadieno (Piperileno)	42							Insaturado. Comp. com anidrido maleico,61 (p.55)
Ciclopenteno	44							Insaturado
Benzeno	80	6	53	1,3	90	ii		
Ciclo-hexano	81	6						Oxidação com HNO₃ fumante--> ácido hexanodióico,153
Ciclo-hexeno	83							Insaturado. HNO₃ conc. --> ácido hexanodióico,153
Tolueno	110		137	2,4	70	ii		
Etilbenzeno	136		109	2,4,6	37	ii		
1,4-Dimetilbenzeno (p-Xileno)	137	15	147	2,3,5	139	ii		
1,3-Dimetilbenzeno (m-Xileno)	139		137	2,4,6	182	ii		
Feniletino	140							Insaturado. Der. de Hg,125 (p.56)
1,2-Dimetilbenzeno (o-Xileno)	144		144	4,5	71	ii		
Feniletileno (Vinilbenzeno, estireno)	146							Insaturado; polimeriza em presença de uma gota de H_2SO_4. Dibrometo,73

Tabela 25. Hidrocarbonetos (cont.)

	P.e.	P.f.	Sulfo-namida (p.56)	Der. nitro(p.52) Posição	P.f.	Método	Der. do ácido pícrico (p.56)	Notas
Isopropilbenzeno (Cumeno)	153		105	2,4,6	109	ii		
α-Pineno	156							Insaturado. Dibrometo,164
Alilbenzeno	157							Insaturado. CrO_3 --> ácido benzóico,122
Propilbenzeno	159		107					
1,3,5-Trimetilbenzeno (Mesitileno)	165		142	2,4,6	235	i		
1,2,4-Trimetilbenzeno (Pseudocumeno)	168		181	3,5,6	185	ii		
Diciclopentadieno	170d	32						Insaturado. Comp. ad. benzoquinona,157 (p.55)
(+)-Limoneno	176							Insaturado; cheiro a limão. Tetrabrometo,104
4-(2-Propil)tolueno (p-Cimeno)	176		115	2,3,6	118	ii		
Dipenteno (Limoneno)	181							Insaturado; cheiro a limão. Tetrabrometo,124
Indeno	182							Insaturado; polimeriza com ácido ou calor. HNO_3 --> ácido ftálico, 195. Der. de benzilideno,135 (p.57)
4-t-Butiltolueno	192		139	2	óleo			
Tetra-hidronaftaleno (Tetralina)	207		135	5,7	95	i		
1-Metilnaftaleno	241			4	71	iii	141	
2-Metilnaftaleno	241	37		1	81	i	115	
Difenilmetano	262	26		2,2',4,4'	172	ii		CrO_3-H_2SO_4 --> benzofenona,48
(-)-Canfeno	160	51						Insaturado; dibrometo,89
1,2-Difeniletano (Dibenzilo)	284	52		4,4'	180	i		CrO_3-H_2SO_4 --> ácido benzóico,122
Bifenilo	255	70		4,4'	234	iv		Br_2-ácido etanóico (ferver durante 2 h) --> der. 4,4'-dibromo,169
1,2,4,5-Tetrametilbenzeno (Dureno)		79	155	3,6	205	ii	95	
Naftaleno		80		1	61	i	150	Cheiro a naftalina; der. do ácido estífnico,168
Acenaftileno		92					201	Dibrometo,121
Trifenilmetano		94		4,4',4''	206	iii		
Acenafteno		95		5	101	i	161	Der. do ácido estífnico,154
Fenantreno		100					144	CrO_3-ácido etanóico --> quinona, 202. Der. do ácido estífnico,142
2,3-Dimetilnaftaleno		104					124	Der. do ácido estífnico,149
Fluoranteno		110					182	Der. do ácido estífnico,151
2,6-Dimetilnaftaleno		111					143	Der. do ácido estífnico,159
Fluoreno		115		2	156	i	84*	Dá cor azul com H_2SO_4 conc.; der. do ácido estífnico,134. *Bastante instável
				2,7	199	ii		
trans-1,2-Difenileteno (trans-Estilbeno)		124						Insaturado; dibrometo,237, que se forma por aquecimento com bromo Der. do ácido estífnico,142 (p.56)
Pireno		150					227	Der. do ácido estífnico,191
Antraceno		217					138	Comp. ad. anidrido maleico,263 (p.55). CrO_3-ácido etanóico --> quinona,286. Der. do ácido estífnico,180 (p.56)

Tabela 26. Cetonas (C, H e O)

	P.e.	P.f.	2,4-Dinitrofenilhidrazona (p.56)	Semicarbazona (p.56)	4-Nitrofenilhidrazona (p.56)	Notas
Propanona (Acetona)	56		126	187	148	Der. monobenzilideno,42. Der. dibenzilideno,112 (p.57)
2-Butanona (Etilmetilcetona)	80		116	146	128	
3-Buten-2-ona (Metilvinilcetona)	80			141		Insaturado
2,3-Butanodiona (Diacetilo)	88		315	235 mono 278 di	230 mono >310 di	Der. monobenzilideno,53 (p.57)
2-Metil-3-butanona (Isopropilmetilcetona)	94		124 (118)	113	108	Der. de benzilideno,117 (p.57)
3-Pentanona (Dietilcetona)	102		156	139	144	Der. monobenzilideno, 31 Der. dibenzilideno, 127
2-Pentanona (Metilpropilcetona)	102		143	110	117	
3,3-Dimetil-2-butanona (Pinacolona)	106		125	158	139	Der. benzilideno, 41
Ácido 3-benzoilpropanóico	116		191	181		Ver Tabela 16
4-Metil-2-pentanona (Isobutilmetilcetona)	117		95	130	79	
3-Metil-2-pentanona (s-Butilmetilcetona)	118		71	94		
2,4-Dimetil-3-pentanona (Diisopropilcetona)	124		96 (107)	159*		*Varia com a velocidade de aquecimento
2-Hexanona (Butilmetilcetona)	128		106	122	88	
4-Metil-3-penten-2-ona (Óxido de mesitilo)	130		203	164 (133)	133*	*Preparado sem aquecimento. Insaturado
Ciclopentanona	131		146	206	154	Der. benzilideno,190 (p.57)
2-Oxopropanoato de metilo (Piruvato de metilo)	136		187	208		Ver Tabela 19
2-Metil-4-hexanona (Etilisobutilcetona)	136		75	152		
2-Metil-3-hexanona (Isopropilpropilcetona)	136		97	119		
2,4-Pentanodiona (Acetilacetona)	139		209 di 122*	107*		*Der. pirazole. Oxima,149 (p.56) Ver Tabela 18
5-Metil-2-hexanona (Isopentilmetilcetona)	144		95	143		
4-Heptanona (Dipropilcetona)	144		75	133		
3-Hidroxi-2-butanona (Acetoína)	145		315	185		

Tabela 26. Cetonas (C, H e O) (cont.)

	P.e.	P.f.	2,4-Dinitrofenilhidrazona (p.56)	Semicarbazona (p.56)	4-Nitrofenilhidrazona (p.56)	Notas
Hidroxipropanona (Hidroxiacetona. Acetol)	146		129	196	173	
2-Heptanona (Metilpentilcetona)	151		89	123	73	
2-Metil-4-heptanona (Isobutilpropilcetona)	155			123		
Ciclo-hexanona	155		162	166	146	Der. benzilideno,118 (p.57)
2-Oxopropanoato de etilo (Piruvato de etilo)	155		155	206d		Ver Tabela 19
2-Metilciclo-hexanona	163		136	196	132	
4-Hidroxi-4-metil--2-pentanona (Álcool de diacetona)	165		203		209	
Ácido 2-oxopropanóico (Ácido pirúvico)	165d		218	222	220	Ver Tabela 19
2,6-Dimetil-4--heptanona (Diisobutilcetona)	168		92 (66)	122		
3-Metilciclo-hexanona	168		155 (180)	191	119	Der. benzilideno,122 (p.57)
4-Metilciclo-hexanona	169		134	198	128	Der. benzilideno,99 (p.57)
3-Oxobutanoato de metilo (Acetoacetato de metilo)	170		119	152		Dá cor vermelha com FeCl$_3$ aq. Ver Tabelas 18 e 19
2-Octanona (Hexilmetilcetona)	173		58	122	93	
3-Oxobutanoato de etilo (Acetoacetato de etilo)	181d		96	133	218*	Dá cor vermelha com FeCl$_3$ aq. Ver Tabelas 18 e 19 *Der. pirazole
Ciclo-heptanona	181		148	162	137	Der. benzilideno,108 (p.57)
5-Nonanona (Dibutilcetona)	187		41	90		
2,5-Hexanodiona (Acetonilacetona)	190		256	185 mono 220 di	115	
2-Nonanona	194		56	120		
Fenchona	194		140	183		Insaturado
4-Oxopentanoato de metilo (Levulinato de metilo)	196		141	144	136	
Ciclooctanona	196		163	167		
2,6-Dimetil-2,5--heptadien-4-ona (Forona)	198	28	112	186		
Acetofenona	202	20	249 (240)	198	184	Der. benzilideno,58 (p.57)

Tabela 26. Cetonas (C, H e O) (cont.)

	P.e.	P.f.	2,4-Dinitrofenil-hidrazona (p.56)	Semicarbazona (p.56)	4-Nitrofenilhidrazona (p.56)	Notas
4-Oxopentanoato de etilo (Levulinato de etilo)	206		101	150	157	
(−)-Mentona	207		146	184		
2-Decanona	209	14	74	124		
3-Decanona	211			101		
3,5,5-Trimetilciclo-2--hexen-1-ona (Isoforona)	214		130	191		
1-Fenil-2-propanona (Benzilmetilcetona)	216	27	156	190 (196)	145	
2-Metilacetofenona (Metil-*o*-tolilcetona)	216		159	206		
Propiofenona	218	18	191	174	147	
2-Hidroxiacetofenona (*o*-Acetilfenol)	218	28	213	210		Oxima,117 (p.56). Ver Tabela 30
3-Metilacetofenona (Metil-*m*-tolilcetona)	220		207	200		
Isopropilfenilcetona (Isobutirofenona)	222		163	181		
Fenilpropilcetona (Butirofenona)	230		190	190		
4-Metilacetofenona (Metil-*p*-tolilcetona)	223		260	205		
(+)-Pulegona	224		147	174		Insaturado
(+)-Carvona	225		190	162 (142)	174	Insaturado
1-Fenil-2-butanona (Benziletilcetona)	226		140	135 (146)		
2-Undecanona	228		63	122	90	
1-Fenil-3-butanona	235		128	142		
3-Metoxiacetofenona	240		189	196		
Butilfenilcetona (Valerofenona)	242		166	166	162	
2-Metoxiacetofenona	245			183		Oxima, 83
Ácido 4-oxo-pentanóico (Ácido levulínico)	245d	33	206	187d	175	Der. monobenzilideno,123 (p.57) Ver Tabela 16
3-Oxopentanodioato de dietilo (Acetonadicarboxilato de etilo)	250		86	94		Cor vermelha com FeCl$_3$ aq. Ver também Tabela 19
α-Tetralona	257		257	226	231	Der. benzilideno,105 (p.57)
4-Metoxiacetofenona	258	38	227	197	195	
Metil(1-naftil)cetona	298	34	255	235		Der. benzilideno,126 (p.57)
1,2-Difenilpropanona (Dibenzilcetona)	330	34	100	146		Der. monobenzilideno,162 (p.57)
Benzilidenopropanona	262	41	227	186	166	Insaturado. Der. benzilideno, 112 (p.57)
Indanona		42	258	233	235	Der. benzilideno,113 (p.57)
Difenilcetona (Benzofenona)		48	238	165	154	

Tabela 26. Cetonas (C, H e O) (cont.)

	P.e.	P.f.	2,4-Dinitrofenil-hidrazona (p.56)	Semicarbazona (p.56)	4-Nitrofenil-hidrazona (p.56)	Notas
Metil(2-naftil)cetona	53		262d	236		
Fenil(4-tolil)cetona	54 (60)		200	122		
Benzilidenoacetofenona (Chalcona)	58		248 (208)	168 (180)		Insaturado
Benzilfenilcetona (Deoxibenzoína)	60		204	148	163	Der. benzilideno, 102 (p.57)
1-Fenil-1,3-butanodiona (Benzoílacetona)	61		151		101	Der. monobenzilideno, 99. Ver Tabela 18
4-Metoxibenzofenona	62		180 228*		199	*De triclorometano
Fluorenona	83		284	234	269	Amarelo
Benzilo	95		189 mono 314 di	244d di 182 mono	290 di 192 di	Amarelo
3-Hidroxiacetofenona (*m*-Acetilfenol)	96		256	195		Ver Tabela 30
4-Hidroxiacetofenona (*p*-Acetilfenol)	110		261 (225)	199		Ver Tabela 30
Dibenzilidenopropanona	112		180	190	172	Insaturado
Ácido 3-benzoilpropanóico	116		191	181		Ver Tabela 16
Ácido 2-benzoilbenzóico	128					Oxima, 118; ver Tabela 16
4-Hidroxi-3-metoxibenzilideno-propanona (Vanilidenoacetona)	130		230			Insaturado
Benzoilfenilmetanol (Benzoína)	133		245	206d		Der. etanoílo, 83. Ver Tabela 2
Furoína	136		216			Oxima, 161 (p.56)
2,4-Di-hidroxiacetofenona (Resacetofenona)	147		218 (244)	216		
4-Hidroxipropiofenona	148		229 240*			*De triclorometano
Furilo	162		215		199d	
2,3,4-Tri-hidroxiacetofenona (Galhacetofenona)	173		199	225		Oxima, 163; trietanoato, 85; ver Tabela 30
(+)-Cânfora	179		177	237	217	Der. benzilideno, 98 (p.57)

Tabela 27. Cetonas (C, H, O e Halogénio ou N)

	P.e.	P.f.	2,4-Di-nitro-fenil-hidra-zona (p.56)	Semi-carba-zona (p.56)	4-Nitro-fenil-hidra-zona (p.56)	Notas
Cloropropanona	119		125	164*	83	*Variável
1,1-Dicloropropanona	120			163		
4-Fluoroacetofenona	196		235	219		Oxima, 80 (p.56)
3-Cloroacetofenona	228			232	176	Oxima, 88 (p.56)
4-Cloroacetofenona	232		236	201	239	
2-Aminoacetofenona	250d	20		290d		Oxima,109 (p.56) Ver Tabela 9
2-Nitroacetofenona	178 32mm	27	154	210d		Oxima,117 (p.56)
4-Cloropropiofenona	134 31mm	36	222	176		
Brometo de fenacilo		50	220	146		
4-Bromoacetofenona	255	51	230	208	248	
Cloreto de fenacilo		59	212	156		
4-Clorobenzofenona		78	185			
3-Nitroacetofenona		80	232	259		Oxima,163 (p.56)
3-Aminoacetofenona		99		196		Ver Tabela 9
4-Aminoacetofenona		106	259	250		Ver Tabela 9
Brometo de 4-bromofenacilo		108	218			Oxima,115 (p.56). Éster do ácido benzóico,119
Brometo de 4-fenilfenacilo		126	228			Éster do ácido benzóico,167
4,4'-Di-(dimetilamino)-ben-zofenona (Cetona de Michler)		174	273			Oxima, 233 (p.56). Ver Tabela 12

Tabela 28. Nitrilos (dão-se também alguns nitrilos na Tabela 16)

	P.e.	P.f.	Ácido carbo-xílico (p.57)	Éster 4-bromo-fenacilo do ácido (p.50)	Amida (p.57)	Notas
Propenonitrilo (Acrilonitrilo)	78					Insaturado. Comp. ad. 2-naftol,142
Etanonitrilo (Acetonitrilo)	82				85	
Propanonitrilo (Propionitrilo)	97				61	
2-Metilpropanonitrilo (Isobutironitrilo)	108				77	
Butanonitrilo (Butironitrilo)	118				63	
3-Butenonitrilo (Cianeto de alilo)	118				60	Insaturado
Cloroetanonitrilo (Cloroacetonitrilo)	127				120	

Tabela 28. Nitrilos (dão-se também alguns nitrilos na Tabela 16) (cont.)

	P.e.	P.f.	Ácido carbo-xílico (p.57)	Éster 4-bromo-fenacilo do ácido (p.50)	Amida (p.57)	Notas
3-Metilbutanonitrilo (Isovaleronitrilo)	129			68		
Pentanonitrilo (Valeronitrilo)	140			75		
4-Metilpentanonitrilo (Isocapronitrilo)	155			77		
Hexanonitrilo (Capronitrilo)	163			72		
2-Hidroxi-2-fenil-etanonitrilo (Mandelonitrilo)	170d	21	118	113		
Benzonitrilo	191		122	119	128	Cheiro a amêndoas amargas
2-Toluonitrilo	205		104	57	142	
3-Toluonitrilo	212		111	108	96	
4-Toluonitrilo	218	29	180	153	160	
Propanodinitrilo (Malononitrilo)	219		133d		170	
Feniletanonitrilo (Cianeto de benzilo)	232		76	89	157	
Hexanodinitrilo (Adiponitrilo)	295		153	155	220	
1-Naftonitrilo	299	35	161	135	202	
3-Clorobenzonitrilo		41	158	117	134	
2-Clorobenzonitrilo		43	142	106	142	
Butanodinitrilo (Succinonitrilo)		54	185	211	260	
4-Clorobenzonitrilo		92	241	126	179	
Benzeno-1,2-dinitrilo (Ftalonitrilo)		141	200d	153	220	
4-Nitrobenzonitrilo		148	240	134	201	

Tabela 29. Compostos Nitro, Halogenonitro e Nitroéteres

	P.e.	P.f.	Der. nitro (p.58) Posição	P.f. Método	Cor com NaOH aq.	Notas
Nitrometano	101					Ácido ao tornesol;Der. benzilideno,58 (p.57)
Nitroetano	114					Der. benzilideno, 64 (p.57)
2-Nitropropano	120					Redução com Sn+HCl-->2-aminopropano (p.58)
1-Nitropropano	132					Imiscível com água. Sn+HCl -->propilamina (p.58)
Nitrobenzeno	211		1,3	90	ii	Amarelo pálido; cheiro a amêndoas amargas. Sn+HCl --> anilina (p.58)
2-Nitrotolueno	222		2,4	70	ii	Amarelo pálido; cheiro a amêndoas amargas. Sn+HCl --> 2-toluidina (p.58)
1,3-Dimetil-2-nitro-benzeno (2-Nitro-*m*-xileno)	226	13	2,4,6	182	ii	
Fenilnitrometano	226d					Amarelo; der. benzilideno, 75

Tabela 29. Compostos Nitro, Halogenonitro e Nitroéteres (cont.)

	P.e.	P.f.	Der. nitro (p.58) Posição	P.f.	Método	Cor com NaOH aq.	Notas
3-Nitrotolueno	233	16					Amarelo pálido;Sn+HCl--> 3-toluidina (p.58). $K_2Cr_2O_7$ aq. a ferver-H_2SO_4 --> ácido,140 (p.58)
6-Cloro-2-nitro-tolueno	238	37					Amarelo pálido; $K_2Cr_2O_7$---H_2SO_4 --> ácido,161 (p.58)
1,4-Dimetil-2-nitro-benzeno (2-Nitro-*p*-xileno)	240		2,3,5	139	ii		
4-Etilnitrobenzeno	241						Sn+HCl --> 4-etilanilina (p.58)
1,3-Dimetil-4-nitro-benzeno (4-Nitro-*m*-xileno)	244	2	2,4,6	182	ii		
2-Cloronitrobenzeno	246	32	2,4	52	ii		Amarelo pálido
1,2-Dimetil-3-nitro-benzeno (3-Nitro-*o*-xileno)	250	15	3,4	82	ii		Amarelo pálido
1,2-Dimetil-4-nitro-benzeno (4-Nitro-*o*-xileno)	258	29	3,4	82	ii		
2-Metoxinitrobenzeno (*o*-Nitroanisole)	265	9	2,4 2,4,6	88* 68	i ii		*Nitração a 0^0
2-Etoxinitrobenzeno (*o*-Nitrofenetole)	267		2,4 2,4,6	86* 78	i ii		*Nitração a 0^0
2-Nitrobifenilo	320	37	2,4'	93	ii		
2-Bromonitrobenzeno	259	41	2,4	72	ii		Amarelo pálido
2-Nitro-1,3,5-trimetil-benzeno (Nitromesitileno)	255	44	2,4 2,4,6	86 235	iv ii		
3-Cloronitrobenzeno	236	44	3,4	36	ii		Amarelo pálido; Sn+HCl --> 3-cloroanilina (p.58)
4-Nitrotolueno	234	52	2,4	70	ii		Amarelo pálido; cheiro a nitro-benzeno. $K_2Cr_2O_7$-H_2SO_4 dil. dá ácido, 241 (p.58)
1-Cloro-2,4-dinitrobenzeno		52	2,4,6	183	ii	Vermelho --> lilás	Átomo de cloro reactivo; NaOH 2N, a ferver --> 2,4-dinitrofenol,114 Hidrazina --> 2,4-dinitrofenil-hidrazina,199
4-Metoxinitrobenzeno (*p*-Nitroanisole)		53	2,4	87	i		NaOH conc., a ferver --> 4-nitrofenol,114
3-Bromonitrobenzeno		56	3,4	59	ii		Amarelo pálido
1,4-Dicloro-2-nitrobenzeno		56	2,6	104	ii		Amarelo pálido. KOH em metanol aq., a ferver --> 4-cloro-2-nitrometoxibenzeno, 98
1-Nitro-2-fenileteno (β-Nitroestireno)		58					Amarelo. Sn+HCl --> 2-feniletilamina (p.58)

Tabela 29. Compostos Nitro, Halogenonitro e Nitroéteres (cont.)

		Der. nitro (p.58)			Cor com	
	P.e.	P.f.	Posição	P.f. Método	NaOH aq.	Notas
1-Nitronaftaleno		60	1,3,8	218	ii		Amarelo.Picrato,71. CrO_3-ácido etanóico --> ácido 3-nitrobenzeno-1,2-dicarboxílico,218
2,6-Dinitrotolueno		66				Violeta	HNO_3 dil., a ferver --> ácido, 202
2,4-Dinitrotolueno		70	2,4,6*	82	ii	Azul	CrO_3-H_2SO_4 conc. --> ácido,183 (p.58). *Explosivo; não recomendável
1,3-Dimetil-5-nitrobenzeno (5-Nitro-m-xileno)		75	4,5,6	125	ii		
4-Cloronitrobenzeno		83	2,4	52	ii		Amarelo pálido. Átomo de cloro reactivo; KOH aq., a ferver --> 4-nitrofenol, 114
1-Cloro-2,4,6-trinitrobenzeno (Cloreto de picrilo)		83				Vermelho	Amarelo. Átomo de cloro reactivo KOH aq., quente --> ácido pícrico, 122. Comp. ad. naftaleno,150
1,4-Dibromo-2-nitrobenzeno		84					Amarelo pálido. Átomo de bromo reactivo; KOH metanólica aq., a ferver --> 4-bromo-2-nitro-metoxibenzeno, 86
1,3-Dinitrobenzeno		90				Púrpura	Amarelo pálido. NH_4SH etanólico, quente --> 3-nitroanilina,114 (p.58)
1,3-Dimetil-4,6-dinitro-benzeno (4,6-Dinitro-m-xileno)		93	2,4,6	182	ii	Violeta	Amarelo pálido. NH_4SH etanólico, quente --> 2,4-dimetil-5-nitro-anilina,123 (p.58)
1,2-Dinitrobenzeno		118				Nenhuma	NH_4SH etanólico, quente -->2-nitroanilina,71; NaOH aq., quente --> 2-nitrofenol, 45
1,4-Dinitrobenzeno		172				Verde amarelado	Comp. ad. naftaleno (em etanol),118. NH_4SH etanólico, a ferver --> 4-nitroanilina,147 (p.58)

Tabela 30. Fenóis (C, H e O)

	P.e.	P.f.	Cor com FeCl₃ Aq.	Cor com FeCl₃ MeOH	Benzo-ato (p.59)	Ácido ariloxi-etanóico (p.59)	4-Tolue-nossul-fonato (p.59)	3,5-Dinitro-benzo-ato (p.59)	Notas
2-Metilfenol(o-Cresol)	190	31	A->V	V	óleo	152	55	138	
2-Hidroxibenzaldeído (Salicilaldeído)	196		Vi	Vi		132	63		4-Nitrobenzoato,128 (p.59) Ver Tabela 4
3-Metilfenol(m-Cresol)	202	12	A->V	V	55	103	51	165	
4-Metilfenol(p-Cresol)	202	35	A	AmV	71	136	70	188	
2-Metoxifenol(Guaiacol)	205	30	E	V	57	116	82	142	
2-Etilfenol	207		A	V	38	141		108	
2,4-Dimetilfenol-(1,3-Xilen-4-ol)	211	27	A	VAt	38	142		164	
2-Hidroxiacetofenona	218	28	ViE	ViE	87				Ver Tabela 26
3-Etilfenol	216		Vi	V	52	75			
2-Hidroxibenzoato de metilo (Salicilato de metilo)	224		Vi	Vi	92				4-Nitrobenzoato,128 (p.59) Ver Tabela 19
2-Hidroxibenzoato de etilo (Salicilato de etilo)	233		EVi	Vi	79 (87)			80	4-Nitrobenzoato,107 (p.59) Ver Tabela 19
4-(2-Metilpropil)fenol	236					125			
2-Metil-5-isopropilfenol (Carvacrol)	237			Vt		151			
3-Metoxifenol	243			Vi		116			
4-Butilfenol	248	22			27	81			
4-(2-Propenil)-2-metoxifenol (Eugenol)	253		AmV	A	70	100*	85	131	4-Nitrobenzoato,68 (p.59) *Hidrato, 81. Insaturado
2-Metoxi-4-(1-propenil)fenol (Isoeugenol)	267			Vt	106	94		158	Insaturado. Dibrometo, 94
Fenol	182	42	Vi	V	69	99	96	146	
2-Hidroxibenzoato de fenilo (Salol)	219	42		ViE	81				
4-Etilfenol	219	47	A	Am	60	97		132	4-Nitrobenzoato,111 (p.59) Ver Tabela 19
2,6-Dimetilfenol	203	49	Am	Am	39	140		159	

Nome								Observações
3-Metil-6-isopropilfenol (Timol)	233		EC	33	148	71	103	
4-Metoxifenol	243	Vit	V	87	111		166	
2-Fenilfenol				76	107	65		
3,5-Di-hidroxitolueno, hidrato (Orcinol)	50							Aquecimento a 100º --> forma anidra, 107
	54							
	57							
	[67]							
	58	AVi	–	88	217		190	
3,4-Dimetilfenol	62	A	Am	59	163	55	182	
3,5-Dimetilfenol	68		VA	24	111*	83	195	*Anidro; hidrato, 84
2,4,5-Trimetilfenol	71			63	132		179	
2,5-Dimetilfenol	75		AmV	61	118		137	
2,3-Dimetilfenol	75				187			
4-Hidroxi-3-metoxibenzaldeído (Vanilina)	80	Ā	V	78	188	115		4-Nitrobenzoato,104 (p.59) Ver Tabela 4
4-(1,1,3,3-Tetrametilbutil)fenol (p-t-Octilfenol)	84	AVi	V	82	108			
Álcool 2-hidroxibenzílico (Saligenina)	86			51*	120			*Dibenzoato, 85
4-(1,1-Dimetilpropil)fenol	92		Vt	61		55		
1-Naftol	94	R*	C	56	192	89		*Cor do precipitado Ver Tabela 26
3-Hidroxiacetofenona	96			52	86	110	217	
4-(2-Metil-2-propenil)fenol (p-t-Butilfenol)	99		V	82				
3-Hidroxibenzaldeído	104	Vi		38	148			Ver Tabela 4
1,2-Di-hidroxibenzeno (Catecol)	105	V	V̄	84 di 131 mono			152	4-Nitrobenzoato,170 (p.59)
3,5-Di-hidroxitolueno, anidro (Orcinol)	107	Vi	–	88	217		190	
4-Hidroxiacetofenona	110	Vi	CE	134	177	72	138	Etanoato,54. Ver Tabela 26
1,3-Di-hidroxibenzeno (Resorcinol)	110	Vi	V	117 di 135 mono	195	80 di	201	
4-Hidroxibenzoato de etilo	115	Vi	–	94				Ver Tabela 19
1,3,5-Tri-hidroxibenzeno, di-hidrato (Floroglucinol)	117	Vi	V	174			162	Etanoato, 104 (p.59)
4-Hidroxibenzaldeído	117	Vi	Am	91	198			Ver Tabela 4

Tabela 30. Fenóis (C, H e O) (cont.)

	P.e.	P.f.	Cor com FeCl₃ Aq.	Cor com FeCl₃ MeOH	Benzo- ato (p.59)	Ácido ariloxi- etanóico (p.59)	4-Tolue- nossul- fonato (p.59)	3,5-Dinitro- benzo- ato (p.59)	Notas
2,6-Di-hidroxitolueno (2-Metilresorcinol)		119	ViC	C	106				
2-Naftol		123	B*	Vt	107	154	125	210	*Opalescente Etanoato, 85. Ver Tabela 19
4-Hidroxibenzoato de metilo		131	Vi	$\overline{V}$	135				
1,2,3-Tri-hidroxibenzeno (Pirogalhol)		133	E		90*	198		205	*Dibenzoato,126; mono- benzoato, 138 Ver Tabela 4
2,4-Di-hidroxibenzaldeído (Resorcialdeído)		135	E	E					
1,2,4-Tri-hidroxibenzeno (Hidroxiquinol)		140	E*		120				*Na presença de vestígios de NaOH. Etanoato, 96 (p.59)
2,4-Di-hidroxiacetofenona (Resacetofenona)		147	E		80 di				Ver Tabela 26
4-Hidroxipropiofenona		148							Ver Tabela 26
Ácido 2-hidroxi-5-metilbenzóico (Ácido 5-metilsalicílico)		153	ViA	A	155	185			Etanoato, 152. Ver Tabela 16
3,4-Di-hidroxibenzaldeído (Protocatechualdeído)		154			96				Ver Tabela 4
3,5-Di-hidroxibenzaldeído		157							Ver Tabela 4
Ácido 2-hidroxibenzóico (Ácido salicílico)		158	Vi	Vi	132	191	154		Etanoato,135 Ver Tabela 16
2,3-Di-hidroxinaftaleno		162	A*		152	204			Etanoato,105. *Precipitado também está presente
Ácido 2-hidroxi-3-metilbenzóico (Ácido 3-metilsalicílico)		163	ViA	Vi					Etanoato, 113 Ver Tabela 16
4-Fenilfenol		165		V	149	190	179		
1,4-Di-hidroxibenzeno (Quinol, hidroquinona)		171	*		200	250	159	317	*Oxida-se a 1,4-benzo- quinona Trietanoato, 85.
2,3,4-Tri-hidroxiacetofenona (Galhacetofenona)		173	C	ViC	118				Ver Tabela 26
1,4-Di-hidroxinaftaleno		176			169				Dietanoato, 128
2,7-Di-hidroxinaftaleno		186	A		139	149	150		Dietanoato, 136
Ácido 1-hidroxi-2-naftóico		195							Etanoato, 158. Ver Tabela 16
Ácido 3-hidroxibenzóico		200		AV		206	163		Etanoato, 131. Ver Tabela 16

					Notas
Ácido 2,5-di-hidroxibenzóico (Ácido gentísico)	200	AVi	A		Dietanoato, 118; 2-etanoato, 172; 5-etanoato, 131. Ver Tabela 16
Ácido 4-Hidroxibenzóico	213	L	L	221 278 169	Etanoato, 187. Ver Tabela 16
Ácido 2,4-di-hidroxibenzóico	213d			152	Dietanoato, 136. Ver Tabela 16
1,3,5-Tri-hidroxibenzeno,anidro (Floroglucinol)	217	Vi	V	174* tri 162	Trietanoato, 105. Ver Tabela 18. *Di, 126; mono, 196
Ácido 3-hidroxi-2-naftóico	222			204	Etanoato, 184. Ver Tabela 16
Ácido 3,5-di-hidroxibenzóico	236d			227	Dietanoato, 160. Ver Tabela 16
1,5-Di-hidroxinaftaleno	265	–	–	235	Dietanoato, 160

Usam-se as seguintes abreviaturas para as cores produzidas com o cloreto de ferro(III):
A, azul; Am, amarelo; B, branco; C, castanho; E, encarnado; L, laranja; R, rosa; V, verde; Vi, violeta; t, transiente; –, ausência de cor.
Nota: Nos ensaios referidos com o cloreto de ferro(III) qualquer alteração relativamente ao solvente mencionado torna-os, frequentemente, inválidos.

Tabela 31. Fenóis (C, H, O e Halogénio ou N)

	P.e.	P.f.	Cor com FeCl₃ Aq.	Cor com FeCl₃ MeOH	Benzo-ato (p.59)	aciloxi-etanoico (p.59)	Ácido 4-Toluenos-sulfo-nato (p.59)	3,5-Dinitro-benzo-ato (p.59)	Notas
2-Clorofenol	175	7	Vi	Vi	óleo	144	74	143	
2-Bromofenol	194	5	Vi	Vi		142	78		
3-Cloro-4-metilfenol	196			V	71	108			
3-Clorofenol	214	33			71	109		156	
3-Bromofenol	236	33			86	108	53		
2-Bromo-4-clorofenol	123 10mm	33			99	139			
2,4-Dibromofenol	238	36	Vi	AmV	98	153	120		
3-Iodofenol		40			73	115	60	183	
4-Clorofenol	217	43	AVi	V	86	156	71	186	
2,4-Diclorofenol	209	43	ViA	AmV	97	140	125		
2-Iodofenol		43			34	135	80		
2-Nitrofenol	216	45	–	C	59	156*	83	155	Amarelo. *Difícil de purificar
3-Metil-4-nitrofenol		56			77				
4-Cloro-2-isopropil-5-metilfenol (p-Clorotimol)		60	Am	Am	72			129	
4-Bromofenol		64	Vi	AmV	102	157	94	191	

Tabela 3J. Fenóis (C, H, O e Halogénio ou N) (cont.)

	P.e.	P.f.	Cor com FeCl$_3$ Aq.	Cor com FeCl$_3$ MeOH	Benzo-ato (p.59)	ariloxi-etanóico (p.59)	Ácido 4-Toluenos-sulfo-nato (p.59)	3,5-Dinitro-benzo-ato (p.59)	Notas
4-Cloro-3-metilfenol	66 [56]		A	AmV	86	178	98	135	
2,4,6-Triclorofenol		68	–	–	76	182		136	Liberta CO$_2$ do bicarbonato
2,4,5-Triclorofenol		68	–	–	93	157	101		Liberta CO$_2$ do bicarbonato
8-Hidroxiquinolina		75	AV	Vi	118		115		
1-Bromo-2-naftol		84	–	–	98		121		4-Nitrobenzoato, 174 (p.59). Ver Tabela 12
4,6-Dinitro-2-metilfenol		86			133		167		Etanoato, 95 (p.59)
4-Iodofenol		94			119	156	99		
2,4,6-Tribromofenol		95	–	–	81	200	113	174	Liberta CO$_2$ do bicarbonato
3-Nitrofenol		97	EVi	C	95	155	113	159	Amarelo
4-Nitrofenol		114	E	EC	142	184	97	188	Amarelo
2,4-Dinitrofenol		114	EC	V	132	148*	121		Amarelo. *Difícil de purificar
4-Cloro-3,5-dimetilfenol		115	AV	EC	68	141	103		
3-Aminofenol		122	C		153 di 163		110*	179	*Der. N-mono, 157; der. O-mono, 96. Ver Tabela 9
2,4,6-Trinitrofenol (Ácido pícrico)		122	–	–					Amarelo; liberta CO$_2$ de NaHCO$_3$; comp. ad. naftaleno,150 (p.59)
4-Nitrosofenol		125d							Ver Tabela 14
2-Hidroxibenzamida (Salicilamida)		139	E	Vi	143		84	224	O-Etanoato,138
2-Amino-4,6-dinitrofenol (Ácido picrâmico)		169	C	–	220 N-	191			Vermelho. Ver Tabela 9
2-Aminofenol		174	EC	E	184		146* [139]		*Der. N-mono Der. O-mono, 101 Amarelo brilhante: Comp. ad. naftaleno, 168
2,4,6-Trinitroresorcinol (Ácido estífnico)		179							Ver Tabela 9
4-Aminofenol		184d	Vi	Vi ->C	234		168 di 252 N-	178	
Pentaclorofenol	190		EC		164	196	145		Etanoato, 150. Liberta CO$_2$ do bicarbonato

Usam-se as seguintes abreviaturas para as cores produzidas com o cloreto de ferro(III):

A, azul; Am, amarelo; B, branco; C, castanho; E, encarnado; L, laranja; R, rosa; V, verde; Vi, violeta; t, transiente; _, ausência de cor.

Nota: Nos ensaios referidos com o cloreto de ferro(III) qualquer alteração relativamente ao solvente mencionado torna-os, frequentemente, inválidos.

Tabela 32. Quinonas

	Cor	P.f.	Oxima (p.60)	Semicarbazona (p.60) mono	Semicarbazona (p.60) di	Hidroquinona (p.60)	Notas
5-Isopropil-2-metil-1,4-benzoquinona (Timoquinona)	Amarela	45	162	202d	237	143	
2-Metil-1,4-benzoquinona (p-Toluoquinona)	Amarela	69	134d mono 220d di	178	240d	124	
2-Metil-1,4-naftoquinona	Amarela	106	166 di 160 mono	178 4-	240d	170	
1,4-Benzoquinona	Amarelo escura	115	144d mono 240d di	166	243	170	
1,4-Naftoquinona (α-Naftoquinona)	Amarela	125	198 mono 207d di	247		176	
1,2-Naftoquinona (β-Naftoquinona)	Vermelha	146d	169 di 163 2- 109 1-	184		108*	*Anidra; hidrato, 60
9,10-Fenantrenoquinona	Laranja	206	158 mono 202d di	220d		148	
Acenaftenoquinona	Amarela	261	230 mono	192	271		
9,10-Antraquinona	Amarelo pálida	286	224 mono			180	4-Nitrofenil--hidrazona,238 (p.45)

Tabela 33. Ácidos sulfónicos e derivados

Esta tabela está ordenada de acordo com o ponto de ebulição ou o ponto de fusão do cloreto de sulfonilo, porque muitos dos ácidos não têm valores definidos e reprodutíveis.

Cloreto de sulfonilo	P.f.	Ácido	Amida (p.60)	Anilida (p.61)	Sal de benzil-tiouró-nio do ácido (p.61)	Der. de xantilo da amida (p.61)	Notas
Metano-	*	**	90	99			*P.e. 161 **P.e. 167/10mm
Etano-	*		58	58	115		*P.e. 177
Benzeno-	14	66	155	110	148	206	Der. de benzoílo da amida,147; der. difenilmetilo,185 (p.62)
2,5-Diclorobenzeno-	38	93	181	160	170		Der. de etanoílo da amida, 214 (p.61)
4-Clorobenzeno-	53	68	144	104	175		
2,4,6-Trimetil-benzeno-	57	77	142	109		203	Der. de etanoílo da amida, 165

Tabela 33. Ácidos sulfónicos e derivados (cont.)

Cloreto de sulfonilo	P.f.	Ácido	Amida (p.60)	Anilida (p.61)	Sal de benzil-tiourónio do ácido (p.61)	Der. de xantilo da amida (p.61)	Notas
1-Naftaleno-	67	90	150	112	137		Der. de benzoílo da amida,194 (p.61)
(+)-10-Cânfora-	67	193	132	120	210		
4-Tolueno-	69	92	137* 105	103	182	197	Der. difenilmetilo,155 (p.62); *anidro
4-Bromobenzeno-	75	103	166	119	170		
2-Naftaleno-	76	91	217	132	191		Der. de etanoílo da amida, 145
2-Carboxibenzeno-	79	68	230* hid. 134 anidro	194	206	199	*Sacarina (sulfimida). Ver Tabela 6
2-Antraquinona-	197		261	193	211		
1-Antraquinona-	214	218		216	191		
4-Hidroxibenzeno- (Fenol-p-sulfónico)			177	141	169		Aquecer Br$_2$--água --> tribromofenol, 95
4-Aminobenzeno (Ácido sulfanílico)		>300d	165*		182	208	Der. de dibenzoílo da amida, 268. *Ver Tabela 10

Tabela 34. Tioéteres (sulfetos)

	P.e.	P.f.	Sulfona (p.62)	Notas
Tioéter dimetílico	38		109	
Tioéter dietílico	92		73	
Tioéter dipropílico	142		29	
Tioéter di(2-metilpropílico)	172		17*	*P.e. 265
Tioéter dibutílico	182		44	
Metiltiofenol	188		88	
Etiltiofenol	204		41	
Tioéter difenílico	295		128	
Tioéter dibenzílico	150	49	150	
Tioéter di-4-tolílico	158	57	158	
Tioéter di-1-naftílico		110	187	
Tioéter di-2-naftílico		151	177	

Tabela 35. Tióis e Tiofenóis

	P.e.	P.f.	Sulfeto de 2,4-dinitrofenilo (p.62)	Der. de hidrogeno-3-nitroftaloílo (p.62)	Der. de 3,5-dinitrobenzoílo (p.62)	Notas
Metanotiol	6		128			
Etanotiol	36		115	149	62	
2-Propanotiol	58		95	145	84	
1-Propanotiol	68		81	137	52	
2-Propen-1-tiol	90		72			
2-Metil-1-propanotiol	88		76	136	64	
1-Butanotiol	98		66	144	49	
3-Metil-1-butanotiol	117		59	145	43	
1-Pentanotiol	127		80	132	40	
1,2-Etanoditiol	146		248			
1-Hexanotiol	111		74			
Ciclo-hexanotiol	159		148			
2-Hidroxietanotiol	160		101			
Benzenotiol (Tiofenol)	169		121	130	149	
1,3-Propanoditiol	169		194			
1-Heptanotiol	176		82	132	53	
α-Toluenotiol	194		130	137	120	
2-Toluenotiol (o-Tiocresol)	194	15	101			
3-Toluenotiol (m-Tiocresol)	195		91			
1-Octanotiol	199		78			
1-Naftalenotiol (α-Tionaftol)	209		176			
4-Toluenotiol	195	43	103			
4-Aminobenzenotiol (p-Aminotiofenol)		46				Ver Tabela 10
4-Clorobenzenotiol		53	123			
2-Naftalenotiol (β-Tionaftol)		81	145			

7
COMPOSTOS FARMACÊUTICOS

INTRODUÇÃO

Os compostos orgânicos usados na Medicina são tão numerosos e de carácter tão variado que a sua identificação pode tornar-se difícil. Contudo, uma vez que o número daqueles que são de uso corrente é muito menor, faz-se deles uma selecção que consta das Tabelas P1-P6. Para caracterizar estes compostos farmacêuticos recomenda-se o seguinte modo de proceder.
1. Estabeleça a composição elementar do composto com o ensaio de Lassaigne (p.1).
2. Determine o ponto de fusão ou o ponto de ebulição (p.4)
3. Relacionando estes dois resultados pode ser possível fazer, tentativamente, a identificação do composto com o auxílio das tabelas apropriadas (P1-P6).
4. A ulterior confirmação da identidade do composto pode ser obtida através de ensaios químicos e dos dados espectroscópicos apresentados nas Tabelas I-XIV (p.14-34).
5. Pode seguidamente reportar-se à *Farmacopeia Portuguesa* (ou *British Pharmacopoeia* ou outra idónea) para ensaios específicos ou dados espectroscópicos que possam ser referidos para o composto.
6. Sempre que for apropriado, o composto deve ser convertido num derivado cristalino escolhido de entre os que se dão no Capítulo 6.

Notas: (a) Alguns medicamentos existem como sais metálicos de ácidos e outros como sais ácidos de bases; estes têm, geralmente, pontos de fusão mal definidos. Com tais compostos é necessário libertar os ácidos ou as bases livres, acidificando ou alcalinizando, respectivamente. O ácido ou base livre deve ser caracterizado da maneira habitual.

(b) Para uma lista mais completa de compostos veja *Isolation and Identification of Drugs* por E.G.C. Clarke (The Pharmaceutical Press, Londres).

(c) Os compostos que também aparecem nas tabelas do Capítulo 6 são indicados com a referência da tabela apropriada.

(d) Os açúcares estão indicados na Tabela 15 do Capítulo 6.

Tabela P1. Compostos que contêm C, H (e O)

	P.e.		P.f.
Metilpentinol	120	Fenindiona	151
Eugenol (Tabela 30)	253	Testosterona	154
		Metiltestosterona	164
		Hidrogenossuccinato de hidrocortisona	168
	P.f.	Estilboestrol	172
Salol (Tabelas 9 e 30)	42	Estradiol	175
Hidroxianisol butilado	62	Cânfora	181
Hexilresorcinol	66	Hexestrol	185
Vanilina (Tabelas 4 e 30)	80	Ácido ascórbico	191 d
Dimetisterona	100 d	Noretisterona	206
Acetomenaftona	112	Hidrocortisona	214 d
Fenilpropionato de testosterona	115	Acetato de hidrocortisona	220 d
Calciferol	116	Prednisolona	229 d
Progesterona	128	Prednisona	230 d
Aspirina (Tabela 16)	136	Dienoestrol	232
Colesterol	148	Fenolftaleína	258

Tabela P2. Compostos que contêm C, H, N (e O)

	P.e.		P.f.
Anfetamina	200	Practolol	144
Niquetamida	280	Hexobarbital	145
		Ácido p-aminosalicílico	150
	P.f.	Codeína	156
Ametocaína	44	Salbutamol	156
Lignocaína	67	Amobarbital	157
Hidroxiquinolina	76	Quinidina	168
Glutetimida	86	Paracetamol	170
Benzocaína (Tabelas 9 e 19)	90	Isoniazida	172
Oxifenbutazona	96	Quinino	174
Folcodina	97	Ciclobarbital	171
Quinalbarbitona	100	Tartarato de levalorfano	176
Maleato de mepiramina	101	Fenobarbital	177
Meprobamato	104	Barbital	190
Fenilbutazona	106	Adrenalina	212 d
Amidopirina	107	Nitrazepam	229
Fenazona	111	Ácido mefenâmico	230
Acetanilida (Tabela 7)	114	Ácido nicotínico (Tabela 17)	235
Atropina	114	Cafeína	236
Tartarato de levorfanol	116	Nitrofurantoína	255
Butobarbitona	124	Teofilina	271
Bisacodil	135	Levodopa	277 d
Fenacetina (Tabela 7)	135	Primidona	280
Metoína	138	Metildopa	290
Salicilamida (Tabelas 6 e 31)	139	Teobromina	290
Ortocaína	143	Fenitoína	296 d

Tabela P3. Compostos que contêm C, H, Halogénio (e O)

	P.e.		P.f.
Halotano	50	Cloroxilenol (Tabela 31)	115
Etclorovinol	174	Clorotrianiseno	118
		Ácido 4-cloro-2-metilfenoxiacético	120
	P.f.	Ácido etacrínico	122
Clorocresol	65	Ácido 2,4-diclorofenoxiacético	138
Clobutol	77	Acetato de fludrocortisona	225
Hidrato de cloral butilado	78	Betametasona	246 d
Clorofenesina	81	Dexametasona	255 d
Dicofano	109	Fluoximesterona	278

Tabela P4. Compostos que contêm C, H, N, Halogénio (e O)

	P.f.		P.f.
Clorambucil	67	Cloridrato de amilocaína	177
Cloridrato de lignocaína	77	Cloridrato de fetidina	189
Cloreto de cetilpiridínio	80	Cloridrato de amitriptilina	197
Cloreto de alprenolol	111	Cloridrato de morfina	200d
Carbromal	120	Cloridrato de efedrina	218
Ácido flufenâmico	125	Cloridrato de nortriptilina	218
Maleato de clorofenamina	133	Cloridrato de prociclidina	227
Diazepam	134	Cloridrato de diamorfina	229
Cloranfenicol	151	Cloridrato de aminacrina	234
Cloreto de procaína	155	Trietiodeto de galhamina	235d
Indometacina	162	Cloridrato de metadona	236
Cloridrato de procaínamida	167	Cloridrato de antazolina	240
Cloridrato de imipramina	170	Pirimetamina	242
Cloridrato de difenidramina	170	Iodeto de decametónio	246
Cloridrato de isoprenalina	172	Bromidrato de nalorfina	260d
Cloridrato de metilanfetamina	173	Ácido acetrizóico	280d

Tabela P5. Compostos que contêm C, H, N, S (e O)

	P.f.		P.f.
Fenoximetilpenicilina	124	Sulfato de quinidina	200 d
Carbimazol	125	Sulfatiazol	201
Sulfato de isoprenalina	128 d	Sulfadimetoxina	204
Tolbutamida	128	Sulfato de orciprenalina	205
Metilssulfato de poldina	137	Sulfametizol	211
Sulfanilamida (Tabela 10)	165	Propiltiuracilo	220
Dapsona	176	Sacarina (Tabela 6)	230
Sulfacetamida	181	Sulfamerazina	235 d
Succinilsulfatiazol	189 d	Sulfato de procaínamida	236 d
Sulfaguanidina	191	Sulfadiazina	255 d
Sulfapiridina	191	Acetazolamida	258
Sulfato de atropina	194	Sulfato de efedrina	258 d
Sulfafurazol	198	Ftalilsulfatiazol	272 d
Sulfadimidina	198	Sulfato de anfetamina	300 d
Probenecide	199	Mercaptopurina	300 d

Tabela P6. Compostos que contêm C, H, N, S, Halogénio (e O)

	P.f.		P.f.
Cloropropamida	128	Cloridrato de prometazina	223
Cloridrato de promazina	181	Bendrofluazida	225 d
Cloridrato de cloropromazina	196	Clorotiazida	343
Clorotalidona	220		

ÍNDICE ANALÍTICO

Acetais
    constantes físicas   64
    preparação de derivados   42
    reacções   15
    solubilidade   5
Ácido fosfórico, ésteres de
    constantes físicas   91
    reacções e dados espectroscópicos   27
    solubilidade   6
Ácido fosfórico, sais de
    reacções e dados espectroscópicos   29
Ácidos carboxílicos
    constantes físicas   81,87
    preparação de derivados   49
    reacções e dados espectroscópicos   14
    solubilidade   5
Ácidos sulfónicos
    constantes físicas   112
    preparação de derivados   60
    reacções e dados espectroscópicos   27
    solubilidade   6
Adsorventes para cromatografia   35
Álcoois
    constantes físicas   64,66
    preparação de derivados   43
    reacções e dados espectroscópicos   16
    solubilidade   5
Aldeídos
    constantes físicas   67,69
    preparação de derivados   44
    reacções e dados espectroscópicos   15
    solubilidade   5
Alquenos
    constantes físicas   96
    reacções e dados espectroscópicos   20
Alquinos
    constantes físicas   96
    preparação de derivados   56
    reacções e dados espectroscópicos   20
Alumina, uso cromatográfico   35
Amidas
    constantes físicas   70
    preparação de derivados   45
    reacções e dados espectroscópicos   21
    solubilidade   6

Amidas, N-substituidas
    constantes físicas   71
    preparação de derivados   46
    reacções e dados espectroscópicos   25
    solubilidade   6
Aminas
    constantes físicas   71,72,75,76,77
    preparação de derivados   46,47
    reacções e dados espectroscópicos   21
    solubilidade   6
Aminoácidos
    constantes físicas   78
    preparação de derivados   48
    reacções e dados espectroscópicos   21
    solubilidade   6
Amónio, sais de
    reacções e dados espectroscópicos   24
    solubilidade   6
Anidridos
    constantes físicas   81
    reacções e dados espectroscópicos   17,18
    solubilidade   5
Aril-hidrazinas
    constantes físicas   79
    reacções e dados espectroscópicos   21
    solubilidade   6
Azo, compostos
    constantes físicas   79
Azoto, ensaio para o   1
Azoxi, compostos
    constantes físicas   79

Bases orgânicas, sais de
    reacções e dados espectroscópicos   28
    solubilidade   6
Benzeno, substituintes no anel do
    dados de infravermelhos   30
    dados de RMN   10,32,33

Carbo-hidratos
    constantes físicas   80
    preparação de derivados   48
    reacções e dados espectroscópicos   16
    solubilidade   5

Cetonas
    constantes físicas   98,102
    preparação de derivados   56
    reacções e dados espectroscópicos   15
    solubilidade   5
Cheiro de compostos orgânicos   3
Cor de compostos orgânicos   3
Cromatografia
    camada fina   35
    gás-líquido   37
    líquida de alta eficiência   36
    gasosa pirolítica   38
Cromatografia, colunas para
    capilares   37
    empacotadas   37
Cromóforos, grupos   3

Derivados, preparação de   42-62
Derivados, tabelas de   64-113
Desvio químico de protões   10,32,33
Detectores
    catarómetro   37
    ionização de chama   37
    refractómetro diferencial   36
    ultravioletas   36
Dissacáridos
    constantes físicas   80

Ebulição, determinação do ponto de   4
Enóis
    constantes físicas   89
    preparação de derivados   50
    reacções e dados espectroscópicos   14
Ensaios preliminares   1
Enxofre, ensaio para o   2
Espectroscopia
    grupos funcionais   14-29
    interpretação   8,9,10
    pormenores práticos   7,9,10
    solventes para
        IV   7
        UV   9
        RMN   10
Ésteres carboxílicos
    constantes físicas   89
    preparação de derivados   51
    reacções e dados espectroscópicos   17
    solubilidade   5
Ésteres fosfóricos
    constantes físicas   91
    reacções e dados espectroscópicos   27
    solubilidade   6
Éteres
    constantes físicas   92
    preparação de derivados   52
    reacções e dados espectroscópicos   19
    solubilidade   5

Farmacêuticos, compostos
    identificação   115
    constantes físicas   115-117
Fase estacionária   35
Fehling, ensaio de   16
Fenóis
    constantes físicas   106,109
    preparação de derivados   59
    reacções e dados espectroscópicos   14
    solubilidade   5
Ferrox, ensaio   3
Fluorolube   8
Fósforo, ensaio para o   2
Fusão, determinação do ponto de   4
    de mistura   4

Grupos funcionais, ensaios de   14-29
Guanidinas
    constantes físicas   70
    preparação de derivados   45

Haletos de acilo
    constantes físicas   81
    reacções e dados espectroscópicos   26
    solubilidade   6
Haletos de alquilo
    constantes físicas   93,94
    preparação de derivados   53,54
    reacções e dados espectroscópicos   26
    solubilidade   6
Haletos de alquilo e de arilo
    constantes físicas   93,94,95
    preparação de derivados   53,54
    reacções e dados espectroscópicos   26
    solubilidade   6
Haletos de arilo
    constantes físicas   95
    preparação de derivados   54
    reacções e dados espectroscópicos   26
    solubilidade   6
Haletos de sulfonilo
    constantes físicas   111
    preparação de derivados   60
    reacções e dados espectroscópicos   28
    solubilidade   6
Halogénios, ensaios para os   2
Hidrazinas substituidas
    constantes físicas   79
    preparação de derivados   55
    reacções e dados espectroscópicos   21
Hidrocarbonetos
    constantes físicas   96
    preparação de derivados   55
    reacções e dados espectroscópicos   20,30,32
    solubilidade   5

Ignição	3
Imidas	
constantes físicas	70
preparação de derivados	45
reacções e dados espectroscópicos	24
solubilidade	6
Infravermelhos	
interpretação de espectros	8
preparação de amostras	7
Lactonas	
constantes físicas	90
reacções e dados espectroscópicos	17
solubilidade	5
Lassaigne, ensaio de	1
Massa, espectrometria de	13
Misturas, separação de	39
Monossacáridos	
constantes físicas	80
preparação de derivados	48
reacções e dados espectroscópicos	16,17
Nitrilos	
constantes físicas	81,102
preparação de derivados	57
reacções e dados espectroscópicos	24
Nitro, compostos	
constantes físicas	103
preparação de derivados	58
reacções e dados espectroscópicos	25
solubilidade	6
Nitroéteres	
constantes físicas	103
preparação de derivados	58
Nitrofenóis	25,26
Nitroso, compostos	
constantes físicas	79
Nujol	8
Oxigénio, ensaio para o	3
Placas para CCF	35
Polióis, solubilidade	5
derivados	65
Quinonas	
constantes físicas	111
preparação de derivados	60
reacções e dados espectroscópicos	18
solubilidade	5
Reagentes de revelação	36
Ressonância Magnética Nuclear	
dados	32,33
interpretação de espectros	10
preparação de amostras	10
Rf, valores de	35
Sais de amónio quaternários	
reacções e dados espectroscópicos	28
solubilidade	6
Schiff, reagente de	2
Schotten-Baumann, reacção de	43
Sílica, gel de	
utilização cromatográfica	35
Siwoloboff, determinação do ponto de ebulição segundo	4
Sódio, ensaio de fusão do	1
Solubilidade de compostos orgânicos	5
Sulfetos (tioéteres)	
constantes físicas	112
preparação de derivados	62
reacções e dados espectroscópicos	27
Sulfonamidas	
N-substituidas	29
constantes físicas	111
preparação de derivados	60
reacções e dados espectroscópicos	29
solubilidade	6
Tioamidas	
reacções e dados espectroscópicos	29
solubilidade	6
Tioéteres	
constantes físicas	112
preparação de derivados	62
reacções e dados espectroscópicos	27
Tiofenóis	
constantes físicas	113
preparação de derivados	62
reacções e dados espectroscópicos	27
solubilidade	6
Tióis	
constantes físicas	113
preparação de derivados	62
reacções e dados espectroscópicos	27
solubilidade	6
Tioureia	
constantes físicas	70
Ultravioletas, espectoscopia de	9
Ureias	
constantes físicas	70
preparação de derivados	45

Execução Gráfica

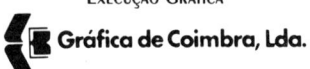

Gráfica de Coimbra, Lda.

Tiragem, 2100 ex. — Março, 1991

Depósito Legal n.º 45086/91